珠算能力検定・珠算検定試験問題集

しゅざんのうりょくけんてい

しゅざんけんていしけん

もんだいしゅう
問題集

1級・準1級・2級・3級
きゅう・じゅん きゅう・きゅう・きゅう

まなぶてらす 編著
へんちょ

JN079087

日本能率協会マネジメントセンター

【本書の内容に関するお問い合わせについて】

平素は日本能率協会マネジメントセンターの書籍をご利用いただき、ありがとうございます。弊社では、皆様からのお問い合わせへ適切に対応させていただくため、以下①～④のようにご案内いたしております。

①お問い合わせ前のご案内について

現在刊行している書籍において、すでに判明している追加・訂正情報を、弊社の下記 Web サイトでご案内しておりますのでご確認ください。

https://www.jmam.co.jp/pub/additional/

②ご質問いただく方法について

①をご覧いただきましても解決しなかった場合には、お手数ですが弊社 Web サイトの「お問い合わせフォーム」をご利用ください。ご利用の際はメールアドレスが必要となります。

https://www.jmam.co.jp/inquiry/form.php

なお、インターネットをご利用ではない場合は、郵便にて下記の宛先までお問い合わせください。電話、FAX でのご質問はお受けいたしておりません。
〈住所〉　〒103-6009　東京都中央区日本橋2-7-1　東京日本橋タワー9F
〈宛先〉　㈱日本能率協会マネジメントセンター　出版事業本部　出版部

③回答について

回答は、ご質問いただいた方法によってご返事申し上げます。ご質問の内容によっては弊社での検証や、さらに外部へ問い合わせることがございますので、その場合にはお時間をいただきます。

④ご質問の内容について

おそれいりますが、本書の内容に無関係あるいは内容を超えた事柄、お尋ねの際に記述箇所を特定されないもの、読者固有の環境に起因する問題などのご質問にはお答えできません。資格・検定そのものや試験制度等に関する情報は、各運営団体へお問い合わせください。

また、著者・出版社のいずれも、本書のご利用に対して何らかの保証をするものではなく、本書をお使いの結果については責任を負いかねます。予めご了承ください。

はじめに
おうちで学んで珠算検定にチャレンジ！ そろばんを全力で楽しもう

　本書は主に「珠算検定３級以上の合格を目指す人」と「もう一度、自宅でそろばんにチャレンジしたい人」のための、そろばん中級者向けの問題集です。

「今、珠算検定３級〜１級合格を目指している」
「そろばん教室を途中で辞めてしまったけれど、もういちど学び直したい」
「家事の合間に練習して、できれば検定試験にチャレンジしたい」

　本書はそんな人にぴったりな問題集です。

　レベル的には「そろばんの足し算と引き算ならできる」という人であれば難しくありません。だれでも今日から学びはじめて、上達していくことができます。

　本書がこれまでの問題集と大きくちがうのは、ひとりでも・親子でも自学で学べるという点にあります。そしてさらに言えば、住んでいる場所も問いません。そろばん教室のない地域でも、海外にお住まいの人でも自分のペースで学習できます。本書１冊あれば１つひとつ階段を上るように、そろばんの計算方法を学び、練習し、受検までたどり着くことができるのです。

「でも途中で、つまずいたりわからなくなったりしたら？」

　本書はそろばんのオンラインレッスンを世界中に提供している「まなぶてらす」が作成したそろばん問題集です。読むだけではわかりにくい計算方法も、スマートフォンがあればすぐに、そろばん講師による解説動画を見ることができます。動画をくり返し見て、やり方を学ぶことができます。

　また、「もっとたくさん計算練習がしたい！」という人のために、ダウンロード問題も含めた豊富な数の問題を用意しました。これで思う存分練習もできます。

　途中、どうしてもわからない問題があるときは、「まなぶてらす」にて個別レッスンを受けることもできます（体験レッスンもあります。くわしくは13ページ「オンラインそろばんレッスン受講ガイド」をご覧ください）。

　そろばんを本書で学び、練習して、実力がついてきたら、ぜひ検定を受検してみましょう！全国の商工会議所で申し込める日本商工会議所の珠算能力検定試験、または、インターネットを利用して自宅受検ができる「まなぶてらす」のオンライン珠算検定も受けることができます。

　今はどこに住んでいても、近くに教室がなくても、自分ひとりでそろばんが学べる時代です。わからないところも個別に質問できて、検定試験だって自宅でチャレンジできるのです。そろばんを全力で楽しめる時代になりました。さあ、珠算検定合格を目指してがんばりましょう。

まなぶてらす
そろばん講師一同

【本書の5つの特長】

1．おうちで上達できる、中級者向けそろばん問題集

　本書は、珠算検定3級～1級の合格を目指す小中学生に向けた問題集です。ひとりでも自宅でそろばんが学べ、上達することができます。さらにすばやく計算したい、途中で辞めてしまったけれど再開したい、そんな人にぴったりの問題集です。

2．段位取得者の指の動きが見える！　動画解説つき

　かけ算・わり算の基本から小数の計算、すばやく計算するコツまで、そろばん段位取得者が動画でわかりやすく説明します。指の動きもよく見えるので、そろばん上達にもたいへん役立ちます。

3．珠算能力検定試験とオンライン珠算検定に対応

　本書は、会場受検ができる日本商工会議所主催の珠算能力検定と自宅受験ができる「まなぶてらす」主催のオンライン珠算検定の2つの珠算検定に完全対応した問題集です。本書を使って時間内に合格点が取れたら、実際に検定を受検してみましょう。

4．問題を豊富に用意。ダウンロード問題も用意

　もっと練習したい！　そんな人のために本書掲載以外にもダウンロード問題を豊富に用意しました。さまざまな問題を練習することで、さらに合格を確実にすることができます。おうちでの毎日の練習に、検定直前の練習にぜひお役立てください。

5．そろばんの学び直しにも最適

　そろばんの足し算・引き算ができる人ならすぐにでも本書で練習を始められます。かけ算・わり算は忘れてしまったという人も、本書があれば学び直しができます。
　今日から練習を始めて検定を受検しましょう。

「まなぶてらす」とは？

「まなぶてらす」は、実績ある講師とのマンツーマンレッスンが24時間365日受講できる総合型オンライン家庭教師サービスです。

勉強レッスンでは、小中高の全科目について、苦手克服から受験対策まで受講が可能です。習いごとレッスンでは人気のそろばんのほか、プログラミング、英会話、理科実験、ピアノ、バイオリンなども受講できます。

講師を選べて、すぐに受講でき、単発受講や定期受講も可能です。くわしい受講方法は、下記のQRコードからウェブサイトにアクセスしてください。

 まなぶてらす

まなぶてらす
ウェブサイト

そろばん講師一覧

※本書の13ページにも簡単な受講ガイドを記載しています。

● QRコードの読み取り方

1. iPhoneを使う場合の方法

① カメラを立ち上げます。

② カメラでQRコードを写します。

③ 画面上に表示されたURL「"https://www.～"を開く」を押すと動画が再生されます。

2. QRコードアプリを使う場合の方法

① QRコードの読み取りアプリを立ち上げます。

② カメラでQRコードを写します。

③ 画面上に表示されたURL「"https://www.～"を開く」を押すと動画が再生されます。

3. LINEを使う場合の方法

① LINEアプリを立ち上げます。

② 検索バーの中にある右のバーコードマークを押します。

③ カメラでQRコードを写します。

④ 画面上に表示されたURL「"https://www.～"を開く」を押すと動画が再生されます。

序章　そろばんの計算方法とかけ算・わり算の復習

第1章　珠算検定3級：
　　　　上達のコツと計算方法

第2章　珠算検定2級：上達のコツと計算方法

第3章 珠算検定準1級・1級：
合格をつかむ3つの練習方法

☞ **珠算検定準1級練習問題（かけざん、わりざん、みとりざん）全8回**

☞ **珠算検定1級練習問題（かけざん、わりざん、みとりざん）全8回**

別冊「本書の答え」

※別冊は最後のページにのりづけされています。ゆっくりはがして使ってください。

01 珠算検定受検ガイド

会場とオンラインで受けられる2つの珠算検定を紹介します。

	日本商工会議所の珠算能力検定試験	「まなぶてらす」のオンライン珠算検定
試験実施	1～3級：年3回、日曜日に実施（2月・6月・10月） 4～6級：年6回、日曜日に実施（偶数月）	珠算1～10級：毎日実施（暗算1～10級の受検も可能）
試験会場	会場受検　全国の商工会議所など	オンライン受検（海外でも受検可）。「まなぶてらす」のそろばんレッスン時間内（1コマ50分）で実施
申込方法	主に全国の商工会議所の窓口（平日）にて申し込み（一部郵送での申込を受け付ける場合もあります。） https://links.kentei.ne.jp/examrefer ※どの級からでも受検できます。	「まなぶてらす」のそろばん講師に問合せをして申し込み https://www.manatera.com/ ※どの級からも受検できます。
申込期間	検定日の2か月前に各地の商工会議所のホームページにて確認してください。	いつでも申し込めます。
受検可能級	1～6級	1～10級
受検料	1級 2,340円、2級 1,730円、3級 1,530円、4～6級 1,020円	受検料は無料。そろばん講師のレッスン予約が必要。1レッスン1,600円～
試験時間	30分（1～6級） 各級とも、みとり算・かけ算・わり算、合わせて50題を制限時間30分で一括実施 ※どこから計算しても構いません。	10分×3回 みとり算・かけ算・わり算、それぞれ10分。3種目連続受検や、1種目ずつの受検も可能 ※余った時間は個別レッスンとして受講できます。
合格基準	1～3級300点満点で240点以上 4～6級300点満点で210点以上	1～3級3種目100点満点ですべて80点以上 4～10級3種目100点満点ですべて70点以上
合格通知	商工会議所によって通知方法が異なります。申込をした商工会議所に直接お問い合わせください。	試験を担当した講師から当日、または後日通知され、賞状（ダウンロード版）が授与されます。
問合せ	全国の商工会議所 https://links.kentei.ne.jp/examrefer	まなぶてらす https://www.manatera.com/

02 珠算検定の試験内容

　日本商工会議所と「まなぶてらす」の珠算検定の試験内容は、ともに以下の内容となります。

　アミをかけているところが、本書であつかう級の内容です（日本商工会議所の珠算検定では、準1級の検定試験は行われていません）。

級	四則計算	内容	補数	小数	備考
1級	みとり算（10題）	10けた10口	○		
	かけ算（20題）	実法合わせて11けた		○	
	わり算（20題）	法商合わせて10けた		○	
準1級	みとり算（10題）	9けた10口	○		〈用語の説明〉
	かけ算（20題）	実法合わせて10けた		○	口…計算をする行数のことで、3行（3つの数）の足し算なら3口といいます。
	わり算（20題）	法商合わせて9けた		○	
2級	みとり算（10題）	8けた10口	○		補数…答えがマイナスになる計算です。
	かけ算（20題）	実法合わせて9けた		○	
	わり算（20題）	法商合わせて8けた		○	小数…計算に小数が出てくるものです。
3級	みとり算（10題）	6けた10口			実…かけられる数のことです。
	かけ算（20題）	実法合わせて7けた		○	
	わり算（20題）	法商合わせて6けた		○	法…かける数または わる数のことです。
4級	みとり算（10題）	5けた10口			商…わり算の答えのことです。
	かけ算（20題）	実法合わせて7けた			
	わり算（20題）	法商合わせて6けた			
5級	みとり算（10題）	4けた10口			〈配点〉
	かけ算（20題）	実法合わせて6けた			各級とも、みとり算 1題10点、かけ算・わり算 1題5点
	わり算（20題）	法商合わせて5けた			
6級	みとり算（10題）	3けた10口			
	かけ算（20題）	実法合わせて5けた			
	わり算（20題）	法商合わせて4けた			

〈注意点〉
3級から、かけ算・わり算に小数の計算が出てきます。￥のつかない問題は小数第4位を四捨五入し、￥のつく問題は小数第1位を四捨五入して答えます。

※本書の情報は2021年9月時点のものです。受検をお考えの人は、ご自身で各ウェブサイトにて最新情報を確かめてください。

03 本書の使い方

1. 学習ガイド

かけ算・わり算を一から学習したい	→	序章へ
そろばんの学び直しをしたい	→	序章へ
珠算検定3級を受検したい	→	第1章へ
珠算検定2級を受検したい	→	第2章へ
珠算検定準1級・1級を受検したい	→	第3章へ

2. 練習方法

　本書は押さえなくても閉じにくいつくりになっていますので、開いた状態で練習ができます。ただし、より練習しやすくするために、問題部分をコピーして使うこともおすすめしています。

　各章の練習問題の答えは、最後のページにのりづけされている「別冊」に載っています。ゆっくりはがして使ってください。また、ダウンロードし、プリントアウトして使える問題もたくさん用意しています。ぜひ日々の練習に活用してください。

3. 解説動画の使い方

　本書の各章の例題には、そろばんを使った計算方法がよくわかる解説動画を用意しています。動画を見ることで、実際のそろばん玉の動かし方がわかります。

　QRコードをスマートフォンのカメラで読み込み、URLリンクを押すことで、すぐに動画を再生させられます。QRコードの読み取り方は、5ページに書いてあります。

◯04 本書で採用している そろばんの計算方法

　そろばんの計算方法は地域によって、講師によってさまざまです。足したり引いたりする計算についてはほとんど同じなのですが、かけ算やわり算（とくに小数の計算）となると、講師によって大きなちがいが出てきます。

　今回、本書を執筆するにあたり、どの方法で教えたらいいのか、とくに小数のかけ算・わり算についてはそろばん講師間で活発な意見交換がされました。そのうえで、そろばん経験者で、小中学生への学習指導経験も豊富な「まなぶてらす」代表（坂本七郎）に、代表的なかけ算・わり算の計算方法をすべて試してもらい、そのなかでもっとも自学で学びやすいものを選んでもらいました。

　選定基準としては、以下の３つをもとにしています。

・テキストを読んで、動画を見て理解しやすい計算方法
・かけ算とわり算との関連性が高い、身につきやすい方法
・上位級に進んだときにも応用が利く方法

　このようにして選ばれたのが、本書で採用しているかけ算・わり算の計算方法です。これまで学んできた計算方法と異なる場合も、本書の方法で学んでいくことをおすすめします。

　しかし一方で、計算は今までの方法でやりたい、練習用の問題集として本書を利用したいという場合は、今まで学んできた方法のまま本書を活用していただきたいと思います。

　今後、本書で紹介するかけ算・わり算の計算方法が、日本の標準的な方法として認知され、全国どこでも同じ方法でそろばんが学べる環境が整えられることを願っています。

05 オンラインそろばんレッスン受講ガイド

　そろばんは日本全国にあるそろばん教室で学ぶことができますが、近くに教室がないなどの事情により、オンラインでそろばんを学びたいという人もいると思います。

　ここでは、本書の計算方法に合わせてそろばんが学べて、検定試験（珠算検定、暗算検定）も自宅で受検できる「まなぶてらす」のオンラインそろばんレッスンについて、受講方法を紹介します。

〈レッスンに必要なもの〉

① そろばん

② インターネットにつながるパソコンまたはタブレットパソコン

　またはスマートフォン

※カメラつきの機器なら、②のどれでも受講できます。外づけカメラでも可能です。

〈よくある質問〉

質問１：そろばんの教材はどうしたらいいですか？

答え１：教材は担当するそろばん講師が紹介したものを購入するか、おうちで希望する教材を使用してください。教材購入を希望する人は、体験レッスン後、購入先のご案内をしています。

質問２：週何回のレッスンが必要ですか？

答え２：目標や目的により回数が変わってきます。計算力を高めたい、または計算力を身につけたい人は、週１回以上の継続レッスンが望ましいです。

　「まなぶてらす」のレッスンは、Skype や ZOOM を使ったビデオ通話で、パソコンやスマートフォンのカメラを使って、顔や手元を写してレッスンを行います。

　Skype や ZOOM、カメラの設定など、わからないことがあってもサポートしますので、「まなぶてらす」のそろばん講師の初回無料レッスンを受講してみてください。

〈本書の制作に協力してくれた「まなぶてらす」そろばん講師の名前紹介〉

かな先生　　きよみ先生　　さちこ先生　　Yuka 先生　　Keiko 先生

ぴか先生　　りん先生　　まゆみ先生

06 そろばんの名前と用語

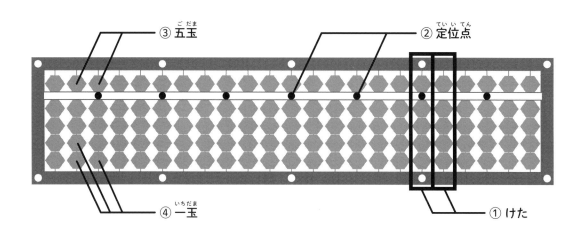

③ 五玉

② 定位点

① けた

④ 一玉

〈そろばんの名前〉

① **けた**…………………そろばんの各列を「けた」といいます。

② **定位点**………………一の位やコンマ（カンマ）のある位を表す点です。

③ **五玉**………………1つの玉で数字の5を表します。五玉の上げ下ろしは、基本的に
人差し指で行います。

④ **一玉**………………1つの玉で数字の1を表します。一玉の上げ下ろしは、親指や人
差し指で行います。

〈そろばんの用語〉

① **はじく**……………そろばんの玉を上げたり下げたりすることです。

② **入れる**……………そろばん上に指で数を加えることです。

③ **置く**………………最初にそろばん上に数を入れることです。

そろばんの計算方法とかけ算・わり算の復習

そろばんの<ruby>計算方法<rt>けいさんほうほう</rt></ruby>と
かけ<ruby>算<rt>ざん</rt></ruby>・わり<ruby>算<rt>ざん</rt></ruby>の<ruby>復習<rt>ふくしゅう</rt></ruby>

⇒かけ<ruby>算<rt>ざん</rt></ruby>・わり<ruby>算<rt>ざん</rt></ruby>を<ruby>一<rt>いち</rt></ruby>から<ruby>学習<rt>がくしゅう</rt></ruby>したい<ruby>人<rt>ひと</rt></ruby>・そろばんの<ruby>学<rt>がく</rt></ruby>び<ruby>直<rt>なお</rt></ruby>しをしたい<ruby>人<rt>ひと</rt></ruby>は、こちらからどうぞ。

01 「そろばん人気」の理由

みなさんは、そろばんに対してどんな印象を持っていますか？

今やスマートフォンさえあれば、どこにいても、計算に困らない時代になりました。しかし、そんな世の中でも、そろばんは子どもの習いごととして今でも人気があり、大きな支持を集めています。

勉強と習いごとが学べる「まなぶてらす」のオンラインレッスンでも、そろばんは大人気で、算数や国語、ピアノや英会話、プログラミングにも負けていません。むしろ、**講師がたりないくらいレッスン希望者が多い状態なのです**。最近では、海外からの受講希望者も増えています。このように、そろばんがいまだに人気がある、注目を集めているのは、それだけ学ぶと「いいこと」があるということではないでしょうか。

実際、そろばんは、計算をするためだけの道具ではありません。**数字を目で見て・耳で聞きとり（読み上げ算）・すばやく正確にそろばん玉に置きかえ、指を使って計算**をしていきます。さまざまな感覚を同時に使い、これを長期的にくり返し練習することで、**数字に対する苦手意識がなくなり、集中力がつき、計算力が伸びていきます。**

そして、さらにいいのは、**暗算力が身についていく**ことです。そろばんをやっている人に計算で勝てる人はいません。そろばん式暗算は頭のなかにそろばん玉を想像して計算を行います。この暗算力を伸ばしていくと、買い物の計算にも困りません。正確に、すばやく計算できるようになるので、算数にも強くなります。

現在、そろばんは計算の道具としてほとんど使われなくなってきましたが、その教育的価値から、習いごととして根強い人気があるのです。昔そろばんを習っていた保護者にも、**脳のトレーニングとしておすすめです。**

ぜひ、そろばんの練習をして、検定試験にもチャレンジしていただきたいと思います。

02 かけ算の計算方法

　そろばんのかけ算では、主に「両落とし」と「片落とし」という2つの計算方法が使われています。

　「両落とし」は、**最初に計算を始める場所（位）を決め、すぐに計算を進めていく方法**です。一方の「片落とし」は、**いったん問題のかけられる数（かけ算の左側の数）をそろばんに入れてから計算を始める方法**です。

　本書は珠算検定3級以上の合格を目指すことを目的としていますので、**すばやく計算ができる「両落とし」で解説をしていきます。**

　両落としのかけ算の計算方法は、まず、計算を始める場所を決めます。

　たとえば、2けた×2けたのかけ算の場合、もっとも大きい数同士のかけ算99×99＝9,801でも、答えが4けたを超えることはありません。そこで、2けた×2けたの場合、けた数を足して2＋2＝4、答えが最大で4けた（最小でも3けた）になると見立てて計算を始めます。

　そのあとの計算方法については、下の例題の動画を参考にしてください。

▶ 解説動画

例題　次のかけ算をしましょう。

① 586×7＝　　② 329×48＝　　③ 263×176＝

ポイント1

　計算を始める場所を左指で押さえながら計算をすると位のずれがなくなります。

ポイント2

　九九の「が」がつくところ（2×2が4など）は、1つ右からそろばんを入れていきます。

例題の答え

① 4,102　　② 15,792　　③ 46,288

動画で計算方法を確認したら、さっそく次のページで練習をしていきましょう。

練習問題1

次のかけ算をしましょう。

① 647×3＝

② 159×82＝

③ 328×16－

④ 496×523＝

⑤ 723×476＝

練習問題2

次のかけ算をしましょう。

① 374×83＝

② 68×402＝

③ 213×31＝

④ 463×536＝

⑤ 947×179＝

⑥ 589×605＝

⑦ 3,982×965＝

⑧ 9,245×549＝

⑨ 3,170×295＝

⑩ 5,093×812＝

03 わり算の計算方法

わり算は、わられる数（わり算の左側の数字）をそろばんに入れることから始まります。

わられる数　わる数
$$128 \div 16$$

わられる数を入れたら九九を使って、わりきれるまで計算を進めます。このとき、**指を使って引く位置を押さえておくと計算もまちがえにくくなります。**
　例題を使って、わる数（わり算の右側の数字）が２けた以上になる場合（例題の②から）の計算方法について解説していきたいと思います。例題の③からは**途中で引けなくなったときの「もどし算（還元・大還元）」**のやり方についても説明しています。

例題 次のわり算をしましょう。

▶解説動画

① $992 \div 8 =$　　　　② $3,150 \div 75 =$
③ $646 \div 19 =$　　　　④ $2,268 \div 27 =$
⑤ $10,425 \div 139 =$　　⑥ $19,502 \div 398 =$

ポイント1
引き始めの場所を指で押さえておくと、位のずれがなくなります。

ポイント2
もどし算（還元・大還元）をするときは、もどす数字と場所をまちがえないようにしましょう。

ポイント3
九九に「が」がつくとき（２×２が４など）は、引く位置に注意しましょう。

例題の答え
① 124　② 42　③ 34　④ 84　⑤ 75　⑥ 49

次のわり算をしましょう。

① $744 ÷ 62 =$

② $2,432 ÷ 38 =$

③ $21,204 ÷ 279 =$

④ $14,418 ÷ 162 =$

⑤ $31,977 ÷ 627 =$

練習問題2

次のわり算をしましょう。

① $5,229 ÷ 83 =$ ② $4,094 ÷ 89 =$

③ $4,698 ÷ 54 =$ ④ $51,948 ÷ 962 =$

⑤ $48,919 ÷ 71 =$ ⑥ $14,418 ÷ 162 =$

⑦ $645,191 ÷ 769 =$ ⑧ $513,081 ÷ 613 =$

⑨ $397,224 ÷ 54 =$ ⑩ $183,393 ÷ 287 =$

もっと練習をしたいという人は、下のQRコードから問題をダウンロードして練習してみてください。

ダウンロード

☞ 練習問題の答えは別冊「本書の答え」の2〜3ページ

珠算検定3級

上達のコツと計算方法

⇒珠算検定3級を受検したい人は、こちらからどうぞ。

01 小数の基本を学ぼう

　序章ではかけ算とわり算の基礎となる計算方法を学んできましたが、いかがでしたか？

　学校や教室で習ったのと同じ方法だったという人もいれば、なかにはちがう方法だったという人もいたかもしれません。序章で学んだ計算は、これから珠算検定3級の練習をしていくうえでのとても大事な基礎になります。しっかりと理解し、練習したうえで、この先に進んでもらいたいと思います。

　さて、3級からはいよいよ「小数のかけ算・わり算」に入ります。**小数は1よりも小さい数字を表します**が、そろばんで計算する場合は、次の3つに注意しながら計算をする必要があります。

（1）コンマと小数点の書き方のちがいに注意する

　コンマと小数点の見た目はとてもよく似ています。答えを書くときに、この2つをしっかり書き分けないと、計算は合っていても×になってしまいます。そのため、コンマと小数点の書き方を学びます。

（2）答え方のルールに注意する

　そろばんでは、答えが小数になるときの答え方のルールがあります。**整数位未満四捨五入（または円位未満四捨五入）、小数第3位未満四捨五入**について学びます。

（3）かけ算・わり算の計算方法に注意する

　小数のかけ算とわり算の計算手順を学びます。今までの計算方法がもとになっていますが、**計算を始める前に、1つ手順が加わります**。その手順を学びます。

　3つの注意点を1つずつ理解しながら学んでもらいたいと思います。それでは、まずは小数計算の答えの書き方から練習をしていきましょう。

02 小数計算の答えの書き方

　珠算検定3級から段位では、かけ算とわり算に小数を使った計算が加わります。まずは小数の各位の名前から確認していきましょう。

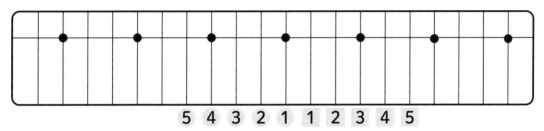

| 5 | 4 | 3 | 2 | 1 | 1 | 2 | 3 | 4 | 5 |

1 一の位　**2** 十の位　**3** 百の位　**4** 千の位　**5** 以降位が上がっていきます。

1 小数第1位　**2** 小数第2位　**3** 小数第3位　**4** 小数第4位　**5** 以降位が下がっていきます。

※小数第1位は10分の1の位、小数第2位は100分の1の位、…という場合もあります。

●答えの書き方

　そろばんでは答えにコンマを書かないと×になりますが、3級からはコンマのほかに小数点も記入する必要があります。コンマと小数点を区別するため、必ず**コンマ（,）は左向き、小数点（、）は右向き**に書くようにしてください。

23,456、78
コンマ（左向き）　小数点（右向き）

0、276
小数点（右向き）

一の位を
基準にして
答えを書いて
いくよ！

(例)　　　一の位
↓

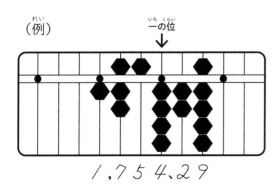

1,754、29

コンマと小数点の点の打ち方に気をつけながら、次のそろばん玉の数を〔　〕の中に書きましょう。

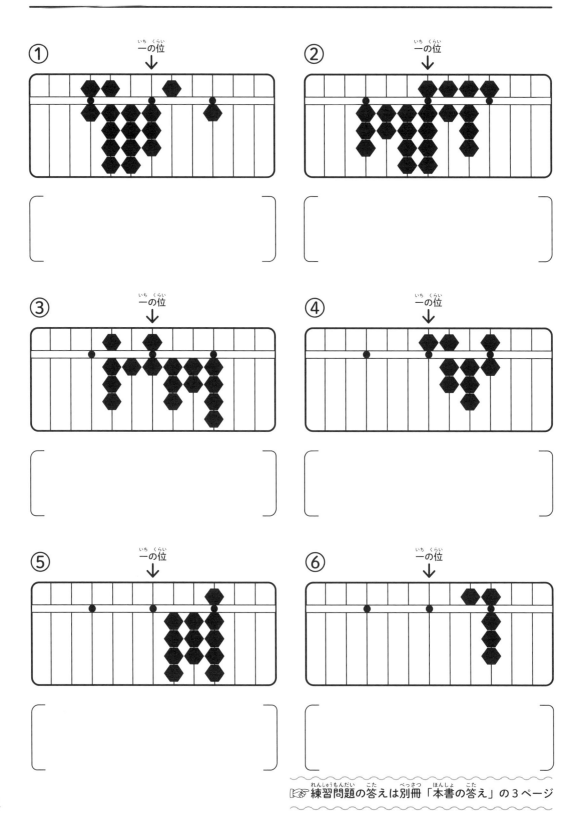

① 一の位

〔　　　　　〕

② 一の位

〔　　　　　〕

③ 一の位

〔　　　　　〕

④ 一の位

〔　　　　　〕

⑤ 一の位

〔　　　　　〕

⑥ 一の位

〔　　　　　〕

☞練習問題の答えは別冊「本書の答え」の3ページ

03 整数位未満四捨五入と 小数第3位未満四捨五入

　珠算検定3級からはかけ算とわり算に小数が出てくるため、答えが小数になる場合があります。しかし、そろばんには、小数になるときの答えの書き方のルールがあります。

　たとえば、￥681×0.34のように問題に￥（円マーク）がついているときは、お金の計算になるので、小数第1位を四捨五入して整数で答える必要があります。そして、これを整数位未満四捨五入（または円位未満四捨五入）といいます。

　一方、￥がついていない計算のときは、日常生活では小数第4位以下の数はほとんど使われないことから、小数第3位までの答えにするというルールがあります。これを小数第3位未満四捨五入といいます。

四捨五入とは

　おおよその数を求めたいときに使われる方法です。求める位の1つ下の位の数字が4以下（0, 1, 2, 3, 4）なら切り捨て、5以上（5, 6, 7, 8, 9）なら切り上げて上の位に1を加えます。

　以上のように、ある位より下の数（端数）を書かずにおおよその数で答えることを「端数処理」といいます。端数処理をせずに答えてしまうと×になってしまいますので、ここで少し練習をしておきましょう。

端数処理のルール

￥がつく問題のとき
「整数位未満四捨五入（円位未満四捨五入）」
小数第1位を四捨五入します。

￥がつかない問題のとき
「小数第3位未満四捨五入」
小数第4位を四捨五入します。

例題 次のそろばんの数を四捨五入して、〔　〕の中に答えを書きましょう。

① 整数位未満を四捨五入して答えましょう。

一の位 ↓

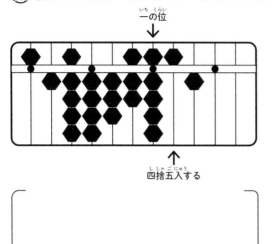

四捨五入する ↑

〔　　　　　　　　　　　　〕

整数位未満四捨五入（円位未満四捨五入）の場合は、整数の答えにしたいので、整数の1つ下の位である小数第1位を四捨五入し、一の位までの答えにします。

①は小数第1位が5のため、切り上げます。

② 小数第3位未満を四捨五入して答えましょう。

一の位 ↓　　小数第3位 ↓

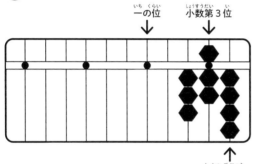

四捨五入する ↑

〔　　　　　　　　　　　　〕

小数第3位未満四捨五入の場合は、小数第3位までの答えにしたいので、小数第4位を四捨五入して、小数第3位までの数の答えにします。一の位の1つ右の定位点までの数で答えると覚えておくとよいでしょう。

②は小数第4位が4のため、切り捨てます。

例題の答え
① 5,194,380　　② 0.037

どの位置で
四捨五入するのかを
覚えておこう！

①〜③は整数位未満を四捨五入した数を、④〜⑥は小数第3位未満を四捨五入した数を、〔　〕の中に書きましょう。コンマと小数点の打ち方にも注意しましょう。

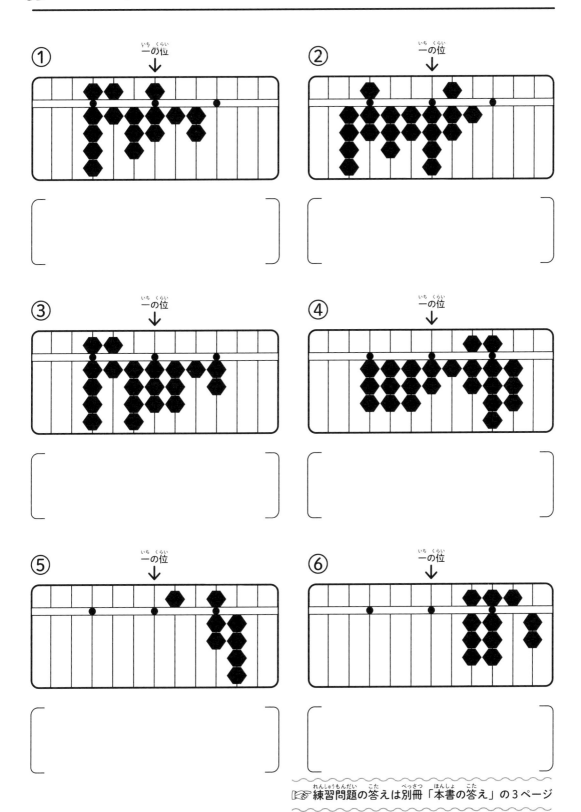

① 一の位

〔　　　　　〕

② 一の位

〔　　　　　〕

③ 一の位

〔　　　　　〕

④ 一の位

〔　　　　　〕

⑤ 一の位

〔　　　　　〕

⑥ 一の位

〔　　　　　〕

☞練習問題の答えは別冊「本書の答え」の3ページ

04 小数のかけ算の計算方法

　小数のかけ算は、基本的には序章で学んだかけ算の計算とやり方は同じです。整数部分に注目して、けた数をかぞえるのがポイントになります。

　まずは計算を始める場所から決めていきます。たとえば、24.37×9.63なら、その整数部分のけた数を見ます。**整数部分は24×9なので、2けた×1けたで、計算の答えは3けたになる**ことを見立てて計算を始めます。

　この計算の場所さえ決まれば、あとはこれまでどおりに計算をするだけです。答えが小数になった場合、**定位点を一の位と見立てて、小数点をつけて答える**ようにしてください。くわしい計算方法は、例題の解説動画を確認してください。

例題 次のかけ算をしましょう。

▶ 解説動画

① 2.3×4.8 ＝　　　　　② 38.5×4.8 ＝

例題の答え

① 11.04　② 184.8

小数部分は
けた数に
入れないよ！

練習問題1

次のかけ算をして、［ ］の中に答えを書きましょう。

① $36 × 5.7 =$

［ ］

② $2.3 × 4.8 =$

［ ］

③ $8.4 × 13 =$

［ ］

④ $5.1 × 365 =$

［ ］

⑤ $62.3 × 7.3 =$

［ ］

⑥ $32.7 × 42.8 =$

［ ］

練習問題2

ここまで学んだ「四捨五入」「答えの書き方（コンマと小数点）」に注意しながら、次のかけ算をしましょう。¥は円マークを表します。

① $38.5 × 7.694 =$
小数第3位未満四捨五入

② $4.71 × 51.08 =$
小数第3位未満四捨五入

③ $25.91 × 8.72 =$
小数第3位未満四捨五入

④ $7.68 × 95.68 =$
小数第3位未満四捨五入

⑤ $¥62.1 × 35 =$
整数位未満四捨五入

⑥ $¥3,965 × 4.81 =$
整数位未満四捨五入

⑦ $¥62.1 × 7,965 =$
整数位未満四捨五入

⑧ $¥324.9 × 6.78 =$
整数位未満四捨五入

☞練習問題の答えは別冊「本書の答え」の3〜4ページ

05 「×0.○○」「×0.0○○」の計算方法

　ここでは249×0.347、0.693×0.057のように「0.○○」「0.0○○」をかける計算方法について学んでいきます。基本的なやり方は変わりませんが、少しだけ「けた数のかぞえかた」に注意が必要です。

　これまでのやり方では、かける数とかけられる数の整数部分に注目してけた数の合計を考える方法で、計算を始める場所を決めていました。56.5×1.9なら「2けた×1けた」なので、2＋1＝3けた目から計算を始めるという具合です。

　しかし、「0.○○」「0.0○○」の場合は整数部分がありませんので、どうやってけた数を見立てればいいのでしょうか？　下のそろばんを見てください。けた数に番号をつけました。

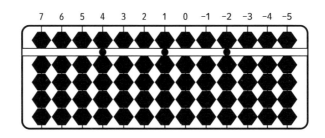

　「0.○○」「0.0○○」といった数字の場合は、**最初に0以外の数字が出てくるところの番号がその数字のけた数**と考えます。例をあげると次のようになります。

・2.34　　　　→　　1けた

・0.234　　　→　　0けた

・0.0234　　→　　−1（マイナス1）けた

・0.00234　→　　−2（マイナス2）けた

　56×0.23なら「2けた×0けた」なので、2＋0＝2けた目から計算を始めます。56×0.023なら「2けた×マイナス1けた」なので、2−1＝1けた目から計算を始めます。

※マイナスは、引き算と考えるか、1つ右にけたを移動すると考えればOKです。

　それでは例題を使って、計算のし方を確認していきましょう。

例題　次のかけ算をしましょう。

① $28 \times 0.37 =$　　　② $4.5 \times 0.074 =$

③ $0.85 \times 0.06 =$　　　④ $0.0125 \times 0.08 =$

▶解説動画

例題の答え

① 10.36　　② 0.333　　③ 0.051　　④ 0.001

練習問題

次のかけ算をしましょう。$¥$ は 円マークを表します。

① $249 \times 0.347 =$
小数第3位未満四捨五入

② $0.7463 \times 0.378 =$
小数第3位未満四捨五入

③ $0.5379 \times 0.284 =$
小数第3位未満四捨五入

④ $0.693 \times 0.057 =$
小数第3位未満四捨五入

⑤ $0.018 \times 0.619 =$
小数第3位未満四捨五入

⑥ $¥17,625 \times 0.96 =$
整数位未満四捨五入

⑦ $¥725 \times 0.9062 =$
整数位未満四捨五入

⑧ $¥314 \times 0.893 =$
整数位未満四捨五入

⑨ $¥4,375 \times 0.025 =$
整数位未満四捨五入

⑩ $¥86,904 \times 0.046 =$
整数位未満四捨五入

ゆっくり
ていねいに
計算しよう！

☞練習問題の答えは別冊「本書の答え」の4〜5ページ

06 小数のわり算の計算方法

　ここでは小数のわり算の計算方法について説明します。ここで紹介する方法は、かけ算のときと同じように、答えの小数点の位置が定位点にくる方法です。

　また、小数のわり算でも、計算を始める場所を決めてから計算をしていきます。かけ算では、かけ算のけた数を足しましたが、**わり算ではけた数を引いて始める場所を考えていきます**。次の例題で説明をしていきます。

例題1 次のわり算をしましょう。

$$\overset{\text{わられる数}}{342} \div \overset{\text{わる数}}{11.4}$$

　　　　3けた　　　2けた

計算のし方

1．けた数同士を引いて計算を始める場所を決める

「3けた−2けた＝1けた」となるので、わり算の答えが1けたになると見立てて、図のけた番号1（定位点のある位置）のすぐ右（番号0のけた）から、わられる数（342）を入れていきます（下の図）。

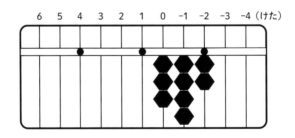

※わられる数が1.57の場合は「157」の順に、0.23の場合は0を考えずに「23」の順にそろばんを入れます。

2．序章03で復習したとおりにわり算をする

　わり算のやり方を忘れてしまった人は、19ページの解説動画を確認してください。

3. 計算が終わったら定位点を一の位と見立てて答えを出す

例題1の答え

30

例題2 次のわり算をしましょう。

▶ 解説動画

① 2,276.5÷3.14 =   ② 77.953÷13.7 =

③ 0.15092÷0.245 =   ④ 0.40247÷1.67 =

⑤ 0.06083÷0.385 =

例題2の答え

① 725   ② 5.69   ③ 0.616   ④ 0.241   ⑤ 0.158

次のわり算をしましょう。

① 1,918.28÷5.27 =   ② 2,560.41÷2.61 =

③ 273.416÷47.8 =   ④ 155.43÷31.4 =

⑤ 0.250976÷0.352 =   ⑥ 0.14921÷0.694 =

⑦ 0.64134÷1.26 =   ⑧ 0.36261÷1.53 =

⑨ 0.065704÷0.382 =   ⑩ 0.033654÷0.213 =

☞ 練習問題の答えは別冊「本書の答え」の5ページ

第1章 珠算検定3級：上達のコツと計算方法

33

07 「÷0.0〇〇」の計算方法

　小数のわり算は、けた数同士の引き算をしましたが、わる数が「0.0〇〇」の場合、けた数が－1（マイナス1）になります。すると、2－（－1）と同じように、小学生では習っていない計算となってしまいます。

　そこで、÷0.0〇〇のときは、例外として、**定位点どおりにわられる数を置いて計算をしていく**と覚えるのがおすすめです。例題で確認をしてみましょう。

※検定試験では、÷0.0〇〇よりも小さい数でわる ÷0.00〇〇のような問題は出題されません。

例題 次のわり算をしましょう。

① 1.0458÷0.018＝　　② 13.754÷0.023＝

▶解説動画

例題の答え
① 58.1　　② 598

次のわり算をして、[ ]の中に答えを書きましょう。

① $962 \div 3.7 =$

[   ]

② $96.39 \div 17 =$

[   ]

③ $2,711.43 \div 64.1 =$

[   ]

④ $539,220 \div 83.6 =$

[   ]

⑤ $620.497 \div 0.863 =$

[   ]

⑥ $495 \div 0.12 =$

[   ]

⑦ $466.088 \div 0.574 =$

[   ]

⑧ $0.40455 \div 0.465 =$

[   ]

⑨ $0.033327 \div 0.063 =$

[   ]

⑩ $0.04888 \div 0.052 =$

[   ]

☞練習問題の答えは別冊「本書の答え」の5～6ページ

ここまで学んだ「四捨五入」「答えの書き方（コンマと小数点）」に注意しながら、次のわり算をしましょう。¥ は円マークを表します。

① 368.15÷249＝
小数第3位未満四捨五入

② 65,761÷87.6＝
小数第3位未満四捨五入

③ 2,280÷5.9＝
小数第3位未満四捨五入

④ 37.59÷0.18＝
小数第3位未満四捨五入

⑤ 0.03312÷0.064＝
小数第3位未満四捨五入

⑥ ¥191.88÷6.15＝
整数位未満四捨五入

⑦ ¥1,827.23÷30.97＝
整数位未満四捨五入

⑧ ¥297.492÷0.78＝
整数位未満四捨五入

⑨ ¥466.88÷0.54＝
整数位未満四捨五入

⑩ ¥20.225÷0.039＝
整数位未満四捨五入

コンマと小数点を忘れずに！

☞練習問題の答えは別冊「本書の答え」の 6 ページ

まとめ問題1

次のかけ算をしましょう。

① $8,475 × 258 =$

② $375 × 6.284 =$

③ $14,875 × 0.28 =$

④ $0.6293 × 0.468 =$

⑤ $43.75 × 0.087 =$

⑥ ¥$7.875 × 392 =$

⑦ ¥$393.75 × 0.48 =$

⑧ ¥$81,539 × 0.305 =$

⑨ ¥$0.7396 × 681 =$

⑩ ¥$5,649 × 0.015 =$

まとめ問題2

次のわり算をしましょう。

① $621,894 ÷ 871 =$

② $182.723 ÷ 30.97 =$

③ $466.088 ÷ 0.574 =$

④ $0.013719 ÷ 0.021 =$

⑤ $0.024112 ÷ 0.052 =$

⑥ ¥$5,775 ÷ 9.24 =$

⑦ ¥$65,761 ÷ 87.6 =$

⑧ ¥$2,280 ÷ 0.96 =$

⑨ ¥$318 ÷ 0.848 =$

⑩ ¥$198 ÷ 0.045 =$

☞まとめ問題の答えは別冊「本書の答え」の6〜7ページ

これから珠算検定3級を目指す人へ
合格者からのアドバイス

" いきなり全部の問題を
10分でやるのではなく、
半分の問題を5分で
やる練習もよかった。 "

" みとり算は、引き算は
飛ばして、足し算のみの
6問を6分で練習する
のもおすすめです! "

" みとり算は、
1問10点と配点が
高いから、少し速さを
落としてもていねいに
やるといいです。 "

" コンマと小数点は
カタカナの小さな「ハ」を
想像すると
書きやすくなったよ。 "

" 数字を小さく書くことで
速く答えられる
ようになった。 "

" わからないときは
問題番号に印をつけて
とばしておく。そして
時間が余ったときに
やればいい! "

珠算検定3級練習問題

（かけざん、わりざん、みとりざん）
全9回

検定試験の受検を目指して練習しよう！

　日本珠算連盟と「まなぶてらす」の両方の検定試験に対応する3級の練習問題を用意しました。かけざん、わりざん、みとりざんそれぞれ9回ずつの問題を用意しています。練習しやすいようにコピーを取って取り組むことをおすすめします。

　第1章までに学んできたことを参考にしながら毎日少しずつ練習を進めてください。そして各種目、時間内に合格点（80点）を取れるようになったら、9ページの「01　珠算検定受検ガイド」を参考に、実際の検定を受検してみましょう。

■3級の追加問題ダウンロード（全30回）

　「もっと練習がしたい！」「問題がたりない！」という人は、ダウンロードできる追加の問題を各種目30回分用意しましたので、こちらのQRコードから問題をダウンロードして、プリントアウトをしてご利用ください。

ダウンロード

■そろばんレッスンについて

　「講師に教えてもらいながら進めたい」「もっと上達したい」という人は、「まなぶてらす」のオンラインそろばんレッスンを受講してみてください（体験レッスンもできます）。くわしくは、13ページの「05　オンラインそろばんレッスン受講ガイド」をご覧ください。

☞ 練習問題の答えは別冊「本書の答え」の7～8ページ

3級
かけざんもんだい
（制限時間　10分）

1問5点（100点満点）

合格点80点

【注意】小数第3位未満四捨五入。

1	5,164 × 251 =
2	0.6957 × 0.864 =
3	3,052 × 537 =
4	875 × 1.452 =
5	2,354 × 517 =
6	3.625 × 0.063 =
7	4,821 × 591 =
8	1.875 × 308 =
9	6,413 × 526 =
10	418.75 × 3.2 =

【注意】整数位未満四捨五入。

11	¥ 9,258 × 178 =
12	¥ 625 × 40.76 =
13	¥ 5,846 × 869 =
14	¥ 3,125 × 6.52 =
15	¥ 716 × 0.3175 =
16	¥ 2,435 × 146 =
17	¥ 2,625 × 7.64 =
18	¥ 12,375 × 0.36 =
19	¥ 7,214 × 543 =
20	¥ 6,493 × 239 =

| 評点 | 点 |

| 第 1 回 珠算検定試験 練習問題 | 3 級 わりざんもんだい （制限時間 10 分） | 1 問 5 点（100点満点） 合格点80点 |

3 級 わりざんもんだい

第 1 回 珠算検定試験 練習問題

（制限時間　10 分）

1 問 5 点（100点満点）

合格点80点

【注意】小数第 3 位未満四捨五入。

1	310,002	÷	427	=
2	77,526	÷	146	=
3	2,068.56	÷	51	=
4	160,310	÷	410	=
5	826.848	÷	8.64	=
6	391,707	÷	639	=
7	1,500.6	÷	7.32	=
8	286,905	÷	465	=
9	2.98862	÷	6.497	=
10	0.065119	÷	0.091	=

【注意】整数位未満四捨五入。

11	¥	226,176	÷	608	=
12	¥	6,270	÷	0.76	=
13	¥	62,865	÷	381	=
14	¥	67,200	÷	89.6	=
15	¥	34,113	÷	90.8	=
16	¥	250,133	÷	271	=
17	¥	1,505	÷	1.72	=
18	¥	164,094	÷	3,907	=
19	¥	489,342	÷	854	=
20	¥	273,280	÷	427	=

| 評点 | 点 |

3級
みとりざんもんだい
（制限時間　10分）

1問10点（100点満点）

合格点80点

No.	1	2	3	4	5
1	638,219	932,856	892,657	602,398	793,214
2	756,328	146,027	586,473	108,395	580,431
3	508,173	871,643	-264,801	850,236	-302,456
4	756,094	301,856	-153,409	412,089	-591,824
5	572,610	867,495	597,148	954,370	631,982
6	324,869	102,473	923,067	603,752	521,098
7	734,028	209,864	617,403	802,514	320,647
8	857,096	510,438	-578,461	576,430	-208,719
9	786,942	430,519	-203,648	632,041	-108,397
10	645,213	276,831	485,721	517,349	471,508
計					

No.	6	7	8	9	10
1	578,091	581,467	618,057	572,431	974,168
2	935,460	927,340	437,859	968,705	694,852
3	156,432	-402,187	976,482	-178,592	517,423
4	548,970	-263,581	630,549	-203,618	429,367
5	790,543	654,192	329,546	714,203	145,276
6	836,052	712,635	805,492	653,817	467,158
7	629,384	-105,298	129,674	-483,510	930,167
8	135,428	-468,071	304,896	-529,783	823,564
9	165,372	620,893	264,785	653,128	370,456
10	432,675	962,714	489,172	516,439	814,079
計					

評点	点

| | 第2回 珠算検定試験 練習問題 | 3級 かけざんもんだい (制限時間 10分) | 1問5点（100点満点） 合格点80点 |

3級 かけざんもんだい
（制限時間 10分）

1問5点（100点満点）
合格点80点

【注意】小数第3位未満四捨五入。

1	1,468 × 509 =
2	2,375 × 496 =
3	3,289 × 862 =
4	1,235 × 541 =
5	875 × 7.432 =
6	71.25 × 0.075 =
7	321.25 × 2.8 =
8	1,604 × 802 =
9	0.8073 × 0.526 =
10	2,157 × 685 =

【注意】整数位未満四捨五入。

11	¥ 8,793 × 746 =
12	¥ 630 × 0.3687 =
13	¥ 3,487 × 749 =
14	¥ 875 × 98.76 =
15	¥ 1,357 × 532 =
16	¥ 6,125 × 3.64 =
17	¥ 2,719 × 479 =
18	¥ 9,125 × 67.2 =
19	¥ 2,176 × 806 =
20	¥ 12,375 × 0.52 =

評点	点

3級
わりざんもんだい
（制限時間　10分）

1問5点（100点満点）

合格点80点

【注意】小数第3位未満四捨五入。

1	169,911	÷	609	=	
2	123.336	÷	18	=	
3	230,160	÷	274	=	
4	485.865	÷	0.531	=	
5	0.015449	÷	0.023	=	
6	521,520	÷	530	=	
7	469.116	÷	94.2	=	
8	411.426	÷	72.18	=	
9	276,757	÷	349	=	
10	285,278	÷	574	=	

【注意】整数位未満四捨五入。

11	¥	152,760	÷	268	=	
12	¥	2,480	÷	0.64	=	
13	¥	265,640	÷	458	=	
14	¥	33,600	÷	89.6	=	
15	¥	11,409	÷	15.2	=	
16	¥	490,000	÷	784	=	
17	¥	244	÷	0.976	=	
18	¥	188,175	÷	2,895	=	
19	¥	226,551	÷	471	=	
20	¥	273,020	÷	365	=	

評点	点

44

第2回 珠算検定試験 練習問題	3級 みとりざんもんだい（制限時間　10分）	1問10点（100点満点） 合格点80点

No.	1	2	3	4	5
1	543,708	675,410	651,834	120,679	973,145
2	364,012	915,078	849,071	857,031	658,410
3	586,217	741,039	-317,896	379,048	-276,095
4	278,639	602,745	-147,658	498,163	-162,583
5	503,681	740,316	983,125	871,304	930,841
6	679,048	902,167	730,894	345,671	539,028
7	509,384	732,548	680,423	124,835	482,396
8	720,693	597,841	-208,431	586,714	-514,973
9	562,704	728,904	-549,206	213,487	-476,095
10	425,836	693,158	754,028	193,846	529,731
計					

No.	6	7	8	9	10
1	150,784	740,813	657,120	791,526	153,670
2	261,758	523,067	486,137	634,095	658,107
3	143,857	-256,310	673,542	-530,846	725,601
4	410,362	-325,406	416,285	-174,365	497,638
5	548,670	826,519	146,078	590,473	968,275
6	623,879	798,345	827,613	834,901	856,342
7	743,580	138,940	673,852	719,052	716,930
8	135,946	-206,435	832,649	-483,907	910,472
9	632,498	-431,507	249,785	-156,928	207,945
10	562,901	571,208	502,798	481,279	460,852
計					

評点	点

3級
かけざんもんだい
（制限時間　10分）

1問5点（100点満点）

合格点80点

【注意】小数第3位未満四捨五入。

1	9,287	×	7/8	=	
2	6.375	×	852	=	
3	4,963	×	583	=	
4	6,948	×	204	=	
5	375	×	86.08	=	
6	1.625	×	0.097	=	
7	783.75	×	8.4	=	
8	4,863	×	268	=	
9	0.1604	×	0.376	=	
10	4,879	×	542	=	

【注意】整数位未満四捨五入。

11	¥	2,354	×	765	=	
12	¥	7,625	×	32.8	=	
13	¥	4,982	×	249	=	
14	¥	1,083	×	584	=	
15	¥	375	×	43.68	=	
16	¥	2,125	×	0.312	=	
17	¥	38,375	×	0.28	=	
18	¥	5,837	×	396	=	
19	¥	681	×	0.4684	=	
20	¥	7,589	×	265	=	

評点	点

	第3回 珠算検定試験 練習問題		3級 わりざんもんだい （制限時間　10分）			1問5点（100点満点） 合格点80点

【注意】小数第3位未満四捨五入。

1	309,447	÷	471	=	
2	0.071096	÷	0.086	=	
3	150,309	÷	293	=	
4	6,749.58	÷	69	=	
5	94,095	÷	153	=	
6	421.024	÷	89.2	=	
7	297,432	÷	459	=	
8	501.696	÷	0.576	=	
9	146,720	÷	160	=	
10	3.76777	÷	7.109	=	

【注意】整数位未満四捨五入。

11	¥	24,287	÷	163	=	
12	¥	2,755	÷	0.76	=	
13	¥	387,400	÷	650	=	
14	¥	370	÷	1.48	=	
15	¥	51,117	÷	58.4	=	
16	¥	95,850	÷	213	=	
17	¥	2,835	÷	3.24	=	
18	¥	708,032	÷	9,568	=	
19	¥	81,420	÷	236	=	
20	¥	446,707	÷	587	=	

評点	点

3級
みとりざんもんだい

（制限時間　10分）

1問10点（100点満点）

合格点80点

No.	1	2	3	4	5
1	678,124	421,685	702,583	613,972	701,869
2	472,561	280,137	721,056	517,869	879,256
3	605,279	143,298	-501,427	207,963	-418,539
4	437,261	461,905	-213,764	769,104	-204,963
5	194,257	750,924	629,781	381,042	592,610
6	372,405	532,687	726,354	530,817	941,506
7	962,547	460,251	931,728	605,129	347,805
8	138,420	372,086	-137,045	490,731	-260,934
9	284,679	708,143	-276,530	675,328	-357,201
10	632,490	278,694	485,921	945,071	461,879
計					

No.	6	7	8	9	10
1	283,567	926,871	903,271	701,935	815,670
2	751,290	592,367	547,629	642,809	391,804
3	374,912	-219,735	184,963	-149,357	564,983
4	691,873	-509,872	397,018	-579,643	395,102
5	416,587	918,254	758,641	678,209	537,291
6	937,620	629,170	874,029	893,415	892,750
7	392,567	-463,827	478,362	-106,492	630,495
8	573,489	-347,061	798,146	-360,157	154,279
9	209,485	528,037	456,738	573,802	579,816
10	310,487	752,169	637,452	293,478	457,892
計					

評点	点

第4回	3級	1問5点（100点満点）
珠算検定試験	かけざんもんだい	合格点80点
練習問題	（制限時間　10分）	

【注意】小数第3位未満四捨五入。

1	5,248	×	647	=	
2	2,913	×	732	=	
3	375	×	68.04	=	
4	6,451	×	957	=	
5	48.75	×	0.079	=	
6	0.2764	×	0.635	=	
7	7,218	×	368	=	
8	891.25	×	9.6	=	
9	2.625	×	392	=	
10	9,514	×	647	=	

【注意】整数位未満四捨五入。

11	¥	6,279	×	724	=	
12	¥	532	×	0.4931	=	
13	¥	4,705	×	751	=	
14	¥	875	×	501.6	=	
15	¥	3,579	×	789	=	
16	¥	7,125	×	3.28	=	
17	¥	9,876	×	429	=	
18	¥	4,875	×	3.64	=	
19	¥	5,384	×	916	=	
20	¥	14,875	×	0.52	=	

評点		点

【注意】小数第3位未満四捨五入。

1	540,125 ÷ 745 =
2	100.206 ÷ 57 =
3	399,735 ÷ 423 =
4	4,284.57 ÷ 5.69 =
5	0.025936 ÷ 0.082 =
6	704,380 ÷ 859 =
7	66.163 ÷ 6.07 =
8	3.45825 ÷ 7.685 =
9	470,340 ÷ 670 =
10	519,622 ÷ 986 =

【注意】整数位未満四捨五入。

11	¥	336,258 ÷ 351 =
12	¥	2,030 ÷ 0.28 =
13	¥	125,568 ÷ 576 =
14	¥	630 ÷ 1.68 =
15	¥	19,748 ÷ 78.9 =
16	¥	143,520 ÷ 390 =
17	¥	11,400 ÷ 15.2 =
18	¥	316,977 ÷ 4,731 =
19	¥	730,320 ÷ 895 =
20	¥	251,698 ÷ 317 =

評点	点

	第4回
	珠算検定試験
	練習問題

3級
みとりざんもんだい

（制限時間　10分）

1問10点（100点満点）

合格点80点

No.	1	2	3	4	5
1	463,082	730,269	512,874	763,092	907,243
2	368,021	302,764	936,825	928,543	572,861
3	481,726	523,091	-408,693	789,461	-472,038
4	289,563	189,750	-592,710	983,170	-274,561
5	896,537	210,345	637,851	750,493	718,430
6	416,938	176,580	749,218	823,456	826,073
7	850,716	487,913	-582,419	407,189	-173,426
8	174,982	439,786	-279,805	384,627	-507,264
9	340,976	574,980	168,059	824,506	816,952
10	854,792	268,051	945,367	397,861	519,674
計					

No.	6	7	8	9	10
1	137,689	694,251	354,971	982,304	504,328
2	875,490	873,160	261,403	614,037	975,182
3	795,821	-316,279	451,628	-415,296	705,416
4	973,610	-418,632	365,429	-569,371	571,348
5	215,489	924,507	185,904	869,732	192,043
6	497,638	621,394	430,697	925,740	951,670
7	780,643	245,718	108,269	-489,306	718,954
8	512,436	-345,217	506,981	-142,750	924,751
9	196,830	-125,790	790,134	124,639	158,063
10	931,708	724,816	487,521	238,564	968,702
計					

評点	点

3級
かけざんもんだい
（制限時間　10分）

1問5点（100点満点）

合格点80点

【注意】小数第3位未満四捨五入。

1	6,128	×	419	=	
2	3,859	×	872	=	
3	625	×	3.764	=	
4	8,693	×	295	=	
5	58.75	×	0.037	=	
6	0.8754	×	0.154	=	
7	1,852	×	346	=	
8	736.25	×	0.48	=	
9	7.875	×	924	=	
10	3,816	×	839	=	

【注意】整数位未満四捨五入。

11	¥	4,159	×	782	=	
12	¥	9,375	×	0.624	=	
13	¥	4,109	×	798	=	
14	¥	6,207	×	953	=	
15	¥	625	×	10.92	=	
16	¥	8,375	×	4.24	=	
17	¥	40,625	×	0.72	=	
18	¥	3,594	×	574	=	
19	¥	904	×	0.2891	=	
20	¥	6,473	×	974	=	

評点	点

第5回 珠算検定試験 練習問題	3級 わりざんもんだい （制限時間 10分）	1問5点（100点満点） 合格点80点

【注意】小数第3位未満四捨五入。

1	80,601 ÷ 401 =
2	431,211 ÷ 803 =
3	718.89 ÷ 31 =
4	156,168 ÷ 216 =
5	262.713 ÷ 41.9 =
6	86,286 ÷ 197 =
7	4,901.46 ÷ 5.41 =
8	129,176 ÷ 482 =
9	68.742 ÷ 12.06 =
10	0.018804 ÷ 0.065 =

【注意】整数位未満四捨五入。

11	¥	314,388 ÷ 426 =
12	¥	23,458 ÷ 26.8 =
13	¥	214,506 ÷ 701 =
14	¥	1,100 ÷ 0.16 =
15	¥	230,048 ÷ 632 =
16	¥	8,015 ÷ 9.16 =
17	¥	87,204 ÷ 172 =
18	¥	8,435 ÷ 9.64 =
19	¥	187,264 ÷ 308 =
20	¥	753,252 ÷ 9,186 =

評点	点

第5回
珠算検定試験
練習問題

3級
みとりざんもんだい
（制限時間　10分）

1問10点（100点満点）

合格点80点

No.	1	2	3	4	5
1	549,230	287,345	620,457	139,084	907,426
2	714,082	195,824	962,451	462,378	852,409
3	214,593	237,961	-534,812	941,053	-308,724
4	627,194	856,934	-423,579	159,062	-486,710
5	508,612	250,847	924,513	124,398	976,812
6	685,794	968,251	598,612	948,310	824,635
7	863,145	728,149	253,104	931,672	-159,036
8	945,261	691,435	-325,761	540,871	-546,839
9	609,318	193,524	-291,745	351,427	370,826
10	286,159	264,501	805,742	740,261	584,703
計					

No.	6	7	8	9	10
1	356,284	532,740	513,926	936,572	480,713
2	273,489	637,859	659,087	549,273	940,516
3	127,364	-257,816	716,359	-217,368	830,427
4	506,421	-103,528	593,214	-309,861	471,890
5	178,423	760,981	205,841	792,643	539,741
6	431,278	968,340	874,309	625,794	693,012
7	359,140	-471,235	379,064	-130,865	352,641
8	296,087	-104,872	417,826	-452,098	960,274
9	463,782	925,317	329,560	692,403	734,261
10	675,018	130,982	645,287	851,097	149,573
計					

評点	点

第6回	3級	1問5点（100点満点）
珠算検定試験	かけざんもんだい	合格点80点
練習問題	（制限時間　10分）	

【注意】小数第3位未満四捨五入。

1	2,689	×	579	=
2	5,375	×	268	=
3	1,783	×	584	=
4	5,891	×	613	=
5	625	×	8.724	=
6	18.75	×	0.093	=
7	258.75	×	6.4	=
8	9,834	×	793	=
9	0.6085	×	0.204	=
10	7,689	×	503	=

【注意】整数位未満四捨五入。

11	¥	1,756	×	427	=
12	¥	2,498	×	692	=
13	¥	625	×	16.28	=
14	¥	4,089	×	859	=
15	¥	9,375	×	0.136	=
16	¥	5,184	×	219	=
17	¥	1,375	×	0.712	=
18	¥	6,731	×	368	=
19	¥	32,375	×	0.64	=
20	¥	685	×	0.4891	=

評点	点

3級
わりざんもんだい
（制限時間　10分）

1問5点（100点満点）

合格点80点

【注意】小数第3位未満四捨五入。

1	56,784 ÷ 364 =
2	504,672 ÷ 751 =
3	7,792.8 ÷ 85 =
4	73,736 ÷ 104 =
5	156.292 ÷ 9.53 =
6	0.010054 ÷ 0.016 =
7	350,200 ÷ 425 =
8	240.426 ÷ 64.98 =
9	3,447.36 ÷ 5.04 =
10	135,200 ÷ 416 =

【注意】整数位未満四捨五入。

11	¥	85,894 ÷ 134 =
12	¥	63,951 ÷ 85.2 =
13	¥	496,071 ÷ 513 =
14	¥	2,800 ÷ 0.64 =
15	¥	385,764 ÷ 527 =
16	¥	97,875 ÷ 261 =
17	¥	127,386 ÷ 189 =
18	¥	46,725 ÷ 62.3 =
19	¥	798,238 ÷ 938 =
20	¥	96,778 ÷ 1,826 =

評点	点

第6回 珠算検定試験 練習問題	3級 みとりざんもんだい （制限時間　10分）	1問10点（100点満点） 合格点80点

No.	1	2	3	4	5
1	870,219	794,830	841,975	641,092	651,402
2	249,758	961,058	645,309	891,430	912,750
3	864,793	321,085	-593,617	374,589	-142,536
4	298,361	413,287	-106,732	534,792	-162,753
5	573,016	716,904	546,079	183,549	924,058
6	129,730	294,036	821,657	439,165	562,740
7	469,571	850,321	-167,308	697,012	905,216
8	308,269	205,817	-561,924	320,915	-137,985
9	709,235	304,725	712,936	237,856	-306,254
10	519,873	963,041	137,605	439,015	137,582
計					

No.	6	7	8	9	10
1	502,964	546,187	723,094	948,513	943,651
2	980,421	742,516	174,905	851,324	597,163
3	184,936	-286,740	958,127	-581,230	137,059
4	657,204	-194,608	450,789	-256,943	704,632
5	874,329	758,096	108,726	691,475	481,506
6	302,194	698,147	752,018	523,890	591,842
7	834,629	804,576	932,054	671,305	490,685
8	243,971	-439,802	235,901	-589,476	592,843
9	386,407	-374,816	342,867	-206,847	809,261
10	259,013	937,048	714,368	697,543	106,589
計					

評点	点

【注意】小数第3位未満四捨五入。

1	8,547 × 685 =
2	375 × 21.04 =
3	4,817 × 893 =
4	9.375 × 692 =
5	0.4931 × 0.826 =
6	9,425 × 783 =
7	76.25 × 0.089 =
8	936.25 × 0.16 =
9	2,694 × 978 =
10	4,267 × 683 =

【注意】整数位未満四捨五入。

11	¥ 7,351 × 406 =
12	¥ 957 × 0.1959 =
13	¥ 1,708 × 982 =
14	¥ 875 × 25.96 =
15	¥ 2,159 × 349 =
16	¥ 8,625 × 2.84 =
17	¥ 5,634 × 648 =
18	¥ 9,625 × 1.56 =
19	¥ 7,283 × 871 =
20	¥ 43,875 × 0.24 =

評点	点

	第 7 回 珠算検定試験 練習問題		3 級 わりざんもんだい （制限時間　10分）		1問5点（100点満点） 合格点80点

【注意】小数第3位未満四捨五入。

1	321,183	÷	381	=
2	125,965	÷	427	=
3	4,901.52	÷	78	=
4	109,725	÷	231	=
5	273.18	÷	4.35	=
6	0.036449	÷	0.076	=
7	343,465	÷	365	=
8	1.62014	÷	2.746	=
9	2,427.26	÷	6.49	=
10	578,100	÷	940	=

【注意】整数位未満四捨五入。

11	¥	286,125	÷	375	=
12	¥	8,280	÷	0.96	=
13	¥	200,600	÷	850	=
14	¥	6,685	÷	7.64	=
15	¥	28,211	÷	37.6	=
16	¥	278,703	÷	537	=
17	¥	68,600	÷	78.4	=
18	¥	37,842	÷	1,802	=
19	¥	102,150	÷	681	=
20	¥	482,328	÷	594	=

評点	点

3級 みとりざんもんだい

No.	1	2	3	4	5
1	692,418	938,241	704,513	369,427	703,452
2	360,421	318,679	958,610	760,295	604,591
3	419,508	530,971	-372,058	654,302	-462,187
4	612,350	645,908	-517,680	819,725	-457,016
5	562,439	460,179	637,582	296,170	673,084
6	764,308	716,028	562,039	165,483	853,946
7	765,804	594,107	826,301	967,420	-267,413
8	107,952	756,412	-543,196	897,215	-390,425
9	850,973	237,650	-128,953	158,473	783,412
10	532,718	592,308	230,618	365,809	621,739
計					

No.	6	7	8	9	10
1	983,054	536,217	394,271	709,215	479,081
2	836,951	679,318	218,530	810,573	178,065
3	943,018	-428,359	764,152	-398,065	917,543
4	716,983	-573,940	168,520	-245,398	634,912
5	650,834	503,428	850,194	548,376	937,258
6	816,345	856,427	248,091	768,435	803,129
7	715,384	-413,650	798,615	-506,917	160,852
8	137,859	-512,473	143,827	-436,021	671,804
9	892,735	241,087	397,802	238,560	724,018
10	763,421	478,109	945,301	530,894	204,537
計					

評点	点

60

	第8回 珠算検定試験 練習問題	

3級 かけざんもんだい
（制限時間　10分）

1問5点（100点満点）
合格点80点

【注意】小数第3位未満四捨五入。

1	1,356	×	681	=	
2	7,305	×	268	=	
3	875	×	71.76	=	
4	6,578	×	528	=	
5	86.25	×	0.045	=	
6	9,134	×	198	=	
7	1.375	×	892	=	
8	5,097	×	759	=	
9	638.75	×	5.2	=	
10	0.7062	×	0.138	=	

【注意】整数位未満四捨五入。

11	¥	3,028	×	746	=	
12	¥	6,592	×	912	=	
13	¥	375	×	15.36	=	
14	¥	7,091	×	283	=	
15	¥	8,625	×	43.2	=	
16	¥	190	×	0.3943	=	
17	¥	2,735	×	951	=	
18	¥	72,875	×	0.64	=	
19	¥	1,875	×	3.76	=	
20	¥	3,196	×	261	=	

評点		点

3級
わりざんもんだい
（制限時間　10分）

1問5点（100点満点）

合格点80点

【注意】小数第3位未満四捨五入。

1	108,077 ÷ 127 =
2	328,700 ÷ 865 =
3	916.98 ÷ 62 =
4	521,203 ÷ 731 =
5	343.151 ÷ 4.09 =
6	0.012716 ÷ 0.064 =
7	514,800 ÷ 792 =
8	57.036 ÷ 13.58 =
9	289.536 ÷ 0.312 =
10	250,514 ÷ 649 =

【注意】整数位未満四捨五入。

11	¥	323,988 ÷ 406 =
12	¥	5,675 ÷ 9.08 =
13	¥	183,330 ÷ 485 =
14	¥	112,326 ÷ 386 =
15	¥	1,925 ÷ 0.28 =
16	¥	132 ÷ 0.176 =
17	¥	401,424 ÷ 8,363 =
18	¥	459,940 ÷ 580 =
19	¥	10,060 ÷ 26.8 =
20	¥	183,044 ÷ 683 =

評点	点

第8回 珠算検定試験 練習問題	3級 みとりざんもんだい （制限時間 10分）	1問10点（100点満点） 合格点80点

No.	1	2	3	4	5
1	653,721	291,683	806,571	154,386	806,345
2	246,789	528,149	829,764	856,342	584,263
3	691,538	486,597	-165,073	792,061	-254,869
4	319,742	715,406	-495,638	532,896	-154,730
5	120,357	364,875	825,361	523,947	867,923
6	435,801	187,506	910,583	102,634	710,826
7	180,267	258,903	-284,907	928,307	542,601
8	786,129	536,094	-194,352	692,580	-357,948
9	312,950	105,768	376,158	732,095	-468,051
10	405,376	267,859	390,824	279,648	120,683
計					

No.	6	7	8	9	10
1	512,370	680,153	289,341	645,738	987,013
2	350,176	857,091	893,517	920,746	234,805
3	250,914	-324,975	142,956	-265,180	523,408
4	418,350	-489,713	638,057	-376,845	854,690
5	172,359	870,326	937,062	657,391	516,804
6	724,586	527,698	206,453	915,684	782,496
7	851,907	-185,023	725,136	821,405	968,412
8	602,354	-569,108	831,649	-193,586	613,709
9	267,895	258,061	945,062	-476,902	785,123
10	561,780	306,975	810,235	301,928	502,987
計					

評点	点

【注意】小数第3位未満四捨五入。

1	1,053	×	482	=
2	4,251	×	754	=
3	875	×	6.348	=
4	4,862	×	749	=
5	71.25	×	0.056	=
6	0.8531	×	0.481	=
7	1,802	×	628	=
8	398.75	×	9.6	=
9	9.875	×	712	=
10	4,529	×	534	=

【注意】整数位未満四捨五入。

11	¥	9,372	×	675	=
12	¥	1,375	×	0.968	=
13	¥	7,169	×	634	=
14	¥	1,278	×	903	=
15	¥	375	×	73.84	=
16	¥	7,125	×	0.896	=
17	¥	20,875	×	0.48	=
18	¥	8,392	×	674	=
19	¥	930	×	0.5076	=
20	¥	4,512	×	796	=

評点	点

<table>
<tr><td>第9回
珠算検定試験
練習問題</td><td>3級
わりざんもんだい
（制限時間　10分）</td><td>1問5点（100点満点）

合格点80点</td></tr>
</table>

【注意】小数第3位未満四捨五入。

1	121,608 ÷ 563 =
2	0.042294 ÷ 0.084 =
3	178,712 ÷ 251 =
4	1,144.26 ÷ 39 =
5	716,793 ÷ 957 =
6	132.792 ÷ 2.64 =
7	80,625 ÷ 375 =
8	1,359.26 ÷ 9.31 =
9	309,111 ÷ 627 =
10	437.892 ÷ 48.12 =

【注意】整数位未満四捨五入。

11	¥ 136,640 ÷ 976 =
12	¥ 120,984 ÷ 142 =
13	¥ 1,740 ÷ 0.48 =
14	¥ 459,068 ÷ 731 =
15	¥ 2,595 ÷ 6.92 =
16	¥ 199,479 ÷ 413 =
17	¥ 1,035 ÷ 2.76 =
18	¥ 807,520 ÷ 980 =
19	¥ 27,174 ÷ 1,294 =
20	¥ 36,347 ÷ 58.1 =

評点	点

第3級 みとりざんもんだい

（制限時間　10分）

1問10点（100点満点）

合格点80点

No.	1	2	3	4	5
1	384,271	791,450	816,530	673,829	689,524
2	612,493	921,438	620,791	901,734	752,148
3	984,610	384,670	-526,430	160,289	-130,896
4	758,304	643,598	-180,746	851,720	-560,829
5	367,542	582,367	698,314	439,821	963,208
6	746,195	806,719	915,706	547,218	710,843
7	863,147	657,804	385,692	234,185	-583,670
8	603,894	275,610	-175,984	950,724	-152,496
9	769,845	865,714	-437,605	416,589	263,817
10	907,326	708,459	704,856	853,491	495,028
計					

No.	6	7	8	9	10
1	106,735	932,864	476,251	812,734	953,216
2	864,957	719,082	609,137	937,261	640,728
3	823,146	-203,961	908,321	-547,609	931,674
4	187,693	-103,954	180,497	-138,276	147,362
5	493,017	508,761	268,793	731,809	632,891
6	823,915	748,593	137,426	786,913	397,280
7	753,608	-371,825	410,762	-530,426	158,936
8	456,389	-492,138	162,790	-468,150	972,504
9	360,571	356,284	918,742	613,927	690,827
10	537,928	902,675	325,607	506,829	742,809
計					

評点	点

第2章

珠算検定2級

上達のコツと計算方法

⇒珠算検定2級を受検したい人は、こちらからどうぞ。

01 珠算検定2級のポイント

　珠算検定3級は小数のかけ算・わり算が中心の練習でしたが、いかがでしたか？新たに学ぶことも多く大変だったと思います。

　さて、次は珠算検定2級です。2級はかけ算・わり算について、新しく学ぶことはありません。**3級で学んだ小数のかけ算・わり算のけた数が1けたずつ増える**だけです。

　しかし、**みとり算**では、新たに「**引けない引き算**」が加わります。例をあげて説明します。次のみとり算を見てください。

例
354
-907
121
-303

　354を入れたあとに、907を引くことができません。中学生になると負の数を学ぶので、答えはマイナスになるとわかるのですが、小学生はこの計算は習っていません。

　もちろん、やり方さえわかればマイナスについての理解は不要、という考え方もあると思いますが、第2章ではかんたんに負の数の考え方を理解しながら、そろばんでの計算方法を学んでもらいたいと思います。

02 みとり算 マイナスの計算方法(1)

　珠算検定2級のみとり算から登場する「引けない引き算」について、33−55を例にして考えていきたいと思います。

33から55を引くときの考え方
　数の大きさを長さで表すと、33−55の答えは0よりも22小さい数となりますので、マイナス（−）の符号をつけて、−22と表します。

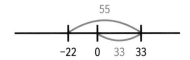

　それでは、次にそろばんでの計算方法を学んでいきましょう。

そろばんでの計算方法

例
33
−55

引けない計算もこれでカンペキ！

　そろばんで引けない計算をするときは、お金のやり取りを想像するとわかりやすいです。引けないときは、**必要なぶんだけお金を借りて計算をして、最後に借りたお金を返して答えを出す**という手順で計算します。
　上の例の33−55なら、まずは引けるように100円を借りてきます。そうすると、33＋100＝133となり、133−55＝78といつものように計算できます。
　ただし、この答えは正しくありません。借りた100円を返していないからです。
　78円から100円を返すと−22円となります。

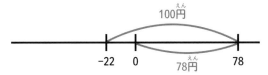

　借りた100円を返すにはあといくらたりないのか、そのたりないぶんの22円にマ

イナスをつけた数字が答えになります。少しややこしい方法のように思うかもしれません が、そろばん上ではこれが計算しやすい方法なのです。それでは、実際の計算方法を次の例題で説明します。

例題 次の計算をしましょう。

解説動画を見てみよう！

①	②	③
354	1,754	4,200
-907	-3,546	-6,134
121	-1,231	1,850
-303	482	1,766
-735	-2,541	1,682

※③の動画解説のように、最後の答えの調整で1万円を返せる場合もあります。この場合は、1万円を引いた答えが、そのまま計算の答えになります。

たりないぶん（補数）の計算方法

・一の位以外…「9にするにはあといくつ必要か」考える。

（例：3だったら、あと6必要）

・一の位………「10にするにはあといくつ必要か」考える。

（例：7だったら、あと3必要）

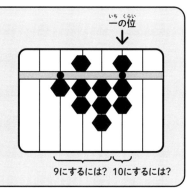

一の位

9にするには？　10にするには？

練習問題

次の計算をしましょう。

①	②	③	④	⑤
237	3,512	8,350	6,907	5,723
894	1,405	5,736	-9,513	2,406
-490	-9,748	-7,094	-2,795	-9,648
-906	1,005	-9,895	4,906	-3,940
141	2,825	1,690	1,450	6,859

☞ 練習問題の答えは別冊「本書の答え」の9ページ

03 みとり算 マイナスの計算方法(2)

　みとり算で引けない場合の計算方法について学んできました。ここでは、**途中で2回引けなくなる計算方法**について紹介します。2回引けなくなってもやり方は同じです。借りたお金になるまで、あといくら必要かと考えて、最後の調整を行ってください。

　次の例題で計算のし方を説明します。

例題 次の計算をしましょう。

▶解説動画

①	②
16,734,205	47,693,528
28,613,459	21,580,693
−71,035,642	−96,274,085
−98,173,425	−82,963,017
21,563,209	51,802,649
−102,298,194	−58,160,232

動画のように、何回借りたのか、左側に玉を置いておくといいよ！

練習問題1

次の計算をしましょう。

①	②	③
13,074,259	49,701,582	25,796,031
39,547,601	14,280,176	19,850,427
−82,906,731	−98,734,821	−60,591,384
−95,102,463	−79,835,460	−93,065,187
21,987,520	18,037,824	37,851,204

☞練習問題の答えは別冊「本書の答え」の9ページ

次の計算をしましょう。

①	②	③
17,486,893	12,893,605	38,104,267
38,712,569	27,365,819	53,704,591
12,576,943	-52,697,041	-91,628,017
-72,196,045	-81,426,037	-65,179,038
-96,013,752	86,504,173	97,240,853
45,123,890	59,231,068	20,383,725
63,210,589	-36,074,592	-32,587,064
-17,382,045	-89,037,154	-91,365,078
-8,5974,206	10,572,649	16,254,078
52,836,790	56,194,027	62,437,095

④	⑤	⑥
50,476,132	43,569,187	23,170,685
48,639,021	24,695,078	42,835,071
-51,072,968	-79,865,213	25,417,368
-39,510,246	-85,327,146	-63,290,874
18,042,573	38,067,192	-81,642,793
-51,920,673	46,801,725	29,561,740
-94,390,518	-39,718,604	16,843,925
43,591,827	-65,129,387	-86,274,150
12,697,853	72,390,586	-61,492,578
29,638,475	21,605,739	28,109,367

やる気アップ！　自分の目標を書き出してみよう

　そろばんの練習では、ときどきつらくなるとき、やる気が出ないときもあると思います。ここでは、みなさんが目標をもってそろばん学習を進めていけるように、書き出すワークを用意しました。囲みの中に書き入れて、自分の目標を確認しましょう。

〈保護者の方へ〉
　親子で取り組んでいる家庭なら、親子で同じ目標を共有して同じ方向を目指すことで、子どもは安心して学習に取り組むことができるようになります。

ワーク１：そろばんでの目標は何ですか？　思いつくだけ書いてみましょう！
例）１級に合格する、計算ミスをなくす、速く計算できるようになる

ワーク２：ワーク１の目標の中から、絶対に達成したいと思うものを３つ選んでみましょう！
例）①１級に合格する ②計算ミスをなくす ③速く計算できるようになる

ワーク３：ワーク２の３つは、いつまでに達成したいですか？
例）１年後の10月検定までに、夏休み中に、冬休み中に

ワーク４：そろばんでやる気をなくしたとき、どんな言葉を言ってもらうとやる気が出ますか？　または嬉しいですか？
例）「がんばれ！」「すばらしい！」「昨日よりもできることが増えたね！」

珠算検定2級練習問題
（かけざん、わりざん、みとりざん）
全8回

検定試験の受検を目指して練習しよう！

　日本珠算連盟と「まなぶてらす」の両方の検定試験に対応する2級の練習問題を用意しました。かけざん、わりざん、みとりざんそれぞれ8回ずつの問題を用意しています。練習しやすいようにコピーを取って取り組むことをおすすめします。

　第2章までで学んできたことを参考にしながら毎日少しずつ練習を進めてください。そして各種目、時間内に合格点（80点）を取れるようになったら、9ページの「01　珠算検定受検ガイド」を参考に、実際の検定を受検してみましょう。

■2級の追加問題ダウンロード（全30回）

　「もっと練習がしたい！」「問題がたりない！」という人は、ダウンロードできる追加の問題を各種目30回分用意しましたので、こちらのQRコードから問題をダウンロードして、プリントアウトをしてご利用ください。

ダウンロード

■そろばんレッスンについて

　「講師に教えてもらいながら進めたい」「もっと上達したい」という人は、「まなぶてらす」のオンラインそろばんレッスンを受講してみてください（体験レッスンもできます）。くわしくは、13ページの「05　オンラインそろばんレッスン受講ガイド」をご覧ください。

2級
かけざんもんだい
（制限時間　10分）

【注意】小数第3位未満四捨五入。

1	28.613	×	7,953	=	
2	193.875	×	0.352	=	
3	90.713	×	7,650	=	
4	0.28375	×	6,584	=	
5	0.84102	×	0.4698	=	
6	58,326	×	2,489	=	
7	61.375	×	0.0401	=	
8	5,875	×	0.38192	=	
9	69,382	×	9,834	=	
10	98,410	×	6,523	=	

【注意】整数位未満四捨五入。

11	¥	78,564	×	4,389	=	
12	¥	4,856	×	0.52189	=	
13	¥	35,486	×	8,317	=	
14	¥	538,125	×	3.72	=	
15	¥	74,951	×	4,753	=	
16	¥	69,375	×	0.9328	=	
17	¥	78,469	×	1,506	=	
18	¥	48,125	×	68.04	=	
19	¥	28,451	×	3,619	=	
20	¥	7,625	×	925.64	=	

評点	点

2級
わりざんもんだい
（制限時間　10分）

1問5点（100点満点）

合格点80点

【注意】小数第3位未満四捨五入。

1	51,184,818 ÷ 5,479 =
2	24,634,088 ÷ 4,216 =
3	38,724,686 ÷ 9,251 =
4	13,880,340 ÷ 5,310 =
5	59,673.12 ÷ 13,624 =
6	7,155.9168 ÷ 972.8 =
7	50,398.785 ÷ 81.5 =
8	82,592,979 ÷ 9,523 =
9	0.2990701 ÷ 0.0307 =
10	7,567,550 ÷ 1,450 =

【注意】整数位未満四捨五入。

11	¥ 11,679,832 ÷ 7,148 =
12	¥ 7,998,067 ÷ 3,017 =
13	¥ 95,745 ÷ 613.75 =
14	¥ 22,073,088 ÷ 4,206 =
15	¥ 348,840 ÷ 51.68 =
16	¥ 5,822,917 ÷ 638.1 =
17	¥ 65,977,443 ÷ 8,703 =
18	¥ 9,009 ÷ 0.364 =
19	¥ 547,055 ÷ 65.32 =
20	¥ 13,594,394 ÷ 1,958 =

評点	点

第1回 珠算検定試験 練習問題	2級 みとりざんもんだい （制限時間　10分）	1問10点（100点満点） 合格点80点

No.	1	2	3	4	5
1	62,371,049	69,023,478	95,826,431	62,345,109	90,468,251
2	16,738,920	91,863,542	84,016,372	23,548,716	60,495,273
3	34,270,861	62,130,574	-18,542,739	18,593,067	-23,045,897
4	86,459,170	56,478,912	-41,390,752	68,371,045	-30,169,275
5	63,197,054	98,731,524	87,365,419	40,351,298	53,219,780
6	85,079,236	32,948,065	69,172,308	79,036,824	86,052,914
7	64,253,790	48,701,963	86,430,792	64,250,891	-26,471,850
8	95,386,402	31,689,402	-49,621,308	25,061,793	-10,897,243
9	72,169,034	42,367,095	-52,830,491	48,153,792	28,509,764
10	54,672,109	25,804,796	74,301,968	14,065,298	70,826,513
計					

No.	6	7	8	9	10
1	86,349,012	70,985,361	36,840,125	38,764,012	18,653,490
2	24,087,391	60,319,725	97,124,680	23,876,410	25,983,164
3	32,850,497	-41,958,703	67,208,135	35,098,276	57,280,496
4	20,437,158	-17,036,984	58,031,746	-84,135,079	16,874,209
5	45,691,320	97,548,012	65,791,843	-90,271,638	94,360,752
6	71,245,083	72,058,316	13,597,204	51,649,387	49,087,615
7	86,274,309	-34,109,765	38,216,590	18,395,420	34,852,097
8	56,289,071	-14,063,978	80,952,341	-74,283,095	69,158,742
9	60,193,542	70,684,391	67,123,480	-63,907,852	85,460,213
10	25,763,490	19,746,382	13,627,508	23,019,674	91,628,740
計					

評点	点

2級
かけざんもんだい
（制限時間　10分）

1問5点（100点満点）

合格点80点

【注意】小数第3位未満四捨五入。

1	58,401	×	2,103	=	
2	204.875	×	0.392	=	
3	48,167	×	8,450	=	
4	0.20875	×	3,908	=	
5	0.92741	×	0.6049	=	
6	25,748	×	9,401	=	
7	928.75	×	0.0185	=	
8	2.875	×	709.64	=	
9	84,672	×	9,367	=	
10	92,364	×	4,705	=	

【注意】整数位未満四捨五入。

11	¥	32,789	×	1,243	=	
12	¥	75,268	×	2,806	=	
13	¥	105,375	×	0.208	=	
14	¥	36,452	×	6,371	=	
15	¥	73,125	×	52.68	=	
16	¥	53,764	×	7,640	=	
17	¥	42,625	×	2.568	=	
18	¥	15,938	×	4,987	=	
19	¥	6,375	×	185.48	=	
20	¥	8,212	×	0.36821	=	

評点	点

| | 第2回
珠算検定試験
練習問題 | | 2級
わりざんもんだい
（制限時間　10分） | | 1問5点（100点満点）
合格点80点 |

【注意】小数第3位未満四捨五入。

1	23,738,570	÷	4,762	=
2	57,726,081	÷	8,127	=
3	8,863,848	÷	70,348	=
4	43,995,650	÷	5,870	=
5	119.4264	÷	4.365	=
6	58,368,990	÷	9,843	=
7	670.5178	÷	0.3467	=
8	45,656,541	÷	5,103	=
9	24,117.89	÷	69.5	=
10	0.1874203	÷	0.0361	=

【注意】整数位未満四捨五入。

11	¥	49,214,514	÷	5,407	=
12	¥	31,031,637	÷	7,683	=
13	¥	277,870	÷	938.75	=
14	¥	76,640,949	÷	8,967	=
15	¥	562,770	÷	60.84	=
16	¥	4,106,652	÷	1,749	=
17	¥	4,247,925	÷	514.9	=
18	¥	30,199,540	÷	7,630	=
19	¥	24,753	÷	0.296	=
20	¥	1,950,583	÷	709.2	=

| 評点 | 点 |

<table>
<tr><td>第2回
珠算検定試験
練習問題</td><td colspan="2">2級
みとりざんもんだい
（制限時間　10分）</td><td colspan="2">1問10点（100点満点）

合格点80点</td></tr>
</table>

No.	1	2	3	4	5
1	18,632,904	97,180,234	95,643,812	12,903,547	72,481,605
2	59,817,243	37,509,246	87,302,461	85,172,943	86,475,920
3	65,089,472	86,379,102	-51,794,308	32,105,867	-43,617,298
4	29,174,038	39,512,760	-17,346,205	15,876,429	-53,197,806
5	72,143,085	54,289,613	57,842,601	53,671,094	94,058,712
6	53,429,608	16,437,890	76,935,048	16,824,905	63,514,278
7	81,257,360	20,185,347	62,857,031	76,921,583	18,603,792
8	18,560,273	37,801,265	-42,769,153	54,391,876	-35,469,078
9	83,064,219	63,597,204	-29,463,015	14,268,395	-54,937,026
10	69,185,342	16,972,548	53,912,804	80,946,713	40,218,965
計					

No.	6	7	8	9	10
1	76,823,904	15,897,206	60,129,857	96,857,312	78,231,694
2	18,732,405	50,317,869	52,730,189	78,405,913	51,062,478
3	46,718,520	-75,430,912	96,457,018	-34,892,570	75,409,283
4	70,824,369	-64,823,597	68,901,725	-14,798,605	34,501,769
5	13,987,052	21,985,073	84,723,109	87,390,162	76,098,124
6	20,598,431	47,502,981	98,340,527	95,304,268	60,372,598
7	81,630,742	15,962,387	15,687,320	69,831,407	84,275,091
8	42,673,105	-72,305,961	72,463,158	-16,748,523	40,718,635
9	92,564,710	-84,256,197	92,574,860	-16,529,840	98,304,561
10	35,286,704	31,625,940	53,810,629	42,953,716	78,452,316
計					

評点	点

2
級
きゅう

第
だい
2
回
かい

第
だい
3
回
かい

第3回
珠算検定試験
練習問題

2級
かけざんもんだい

（制限時間　10分）

I 問 5 点（100点満点）

合格点80点

【注意】小数第3位未満四捨五入。

1	61,978	×	4,632	=
2	0.79532	×	0.6096	=
3	90,286	×	4,683	=
4	2,408.75	×	0.956	=
5	37,190	×	7,480	=
6	836.25	×	0.0628	=
7	71,930	×	4,132	=
8	0.84125	×	2,584	=
9	16,809	×	4,789	=
10	6.875	×	1.0736	=

【注意】整数位未満四捨五入。

11	¥	96,513	×	4,597	=
12	¥	78,162	×	6,789	=
13	¥	680,125	×	8.92	=
14	¥	97,320	×	7,029	=
15	¥	79,125	×	89.24	=
16	¥	34,918	×	5,297	=
17	¥	79,125	×	9.064	=
18	¥	19,467	×	5,798	=
19	¥	8,125	×	3.0784	=
20	¥	1,832	×	0.49719	=

評点	点

2級
わりざんもんだい

（制限時間　10分）

1問5点（100点満点）

合格点80点

【注意】小数第3位未満四捨五入。

1	10,772,475 ÷ 6,035 =
2	4,253.8224 ÷ 0.7314 =
3	52,041,015 ÷ 6,843 =
4	13,302,276 ÷ 7,206 =
5	473,622.69 ÷ 56,183 =
6	3,294.4914 ÷ 468.9 =
7	10,214.226 ÷ 65.3 =
8	64,664,325 ÷ 7,425 =
9	0.2489894 ÷ 0.0471 =
10	29,327,013 ÷ 8,037 =

【注意】整数位未満四捨五入。

11	¥ 6,897,657 ÷ 3,561 =
12	¥ 5,621,245 ÷ 817.6 =
13	¥ 20,683,026 ÷ 6,279 =
14	¥ 150,525 ÷ 168.75 =
15	¥ 25,703,371 ÷ 5,491 =
16	¥ 24,825 ÷ 3,972 =
17	¥ 66,538,665 ÷ 8,647 =
18	¥ 116 ÷ 0.01856 =
19	¥ 45,943,242 ÷ 6,514 =
20	¥ 1,476,375 ÷ 46.5 =

評点	点

第3回 珠算検定試験 練習問題		2級 みとりざんもんだい （制限時間　10分）		1問10点（100点満点） 合格点80点	

No.	1	2	3	4	5
1	14,072,869	52,970,318	72,539,641	60,152,874	83,612,507
2	28,374,615	37,248,506	63,821,079	37,846,091	71,849,532
3	62,094,153	24,869,103	-15,297,438	92,167,058	-49,185,023
4	52,061,398	87,051,496	-27,318,965	38,275,641	-56,208,371
5	20,134,957	37,450,869	73,459,628	67,928,013	72,831,460
6	92,850,713	14,390,675	91,058,743	16,852,079	87,129,543
7	69,312,750	94,067,851	-34,896,752	56,734,821	-21,753,406
8	34,658,917	69,872,015	-23,756,890	83,462,507	-30,917,468
9	53,214,670	81,630,254	87,210,694	16,085,239	13,647,295
10	48,357,961	24,071,853	71,094,528	91,703,652	24,539,018
計					

No.	6	7	8	9	10
1	65,934,207	86,401,732	76,153,204	59,367,104	13,065,248
2	18,972,560	54,829,036	32,980,746	41,739,682	85,413,796
3	48,319,706	-41,372,698	18,349,560	-90,283,617	75,386,241
4	93,215,740	-24,591,683	74,253,906	-62,350,984	31,569,048
5	64,205,137	97,640,582	13,258,407	21,680,795	87,541,302
6	81,764,935	63,791,524	76,534,819	17,402,936	40,596,173
7	26,953,408	-21,509,476	53,896,024	48,632,170	98,720,356
8	90,571,483	-10,796,835	37,198,406	-61,349,852	28,946,157
9	17,254,608	73,085,269	81,297,053	-71,982,645	69,302,184
10	79,150,384	87,395,041	10,586,349	56,843,271	47,052,613
計					

評点	点

2級
かけざんもんだい
（制限時間　10分）

1問5点（100点満点）

合格点80点

【注意】小数第3位未満四捨五入。

1	93,514 × 6,832 =
2	0.48625 × 0.9347 =
3	67,501 × 1,852 =
4	9,318.75 × 0.836 =
5	35,071 × 2,479 =
6	74.375 × 0.0596 =
7	25,846 × 4,803 =
8	0.96125 × 7,384 =
9	52,349 × 2,135 =
10	6,125 × 0.87416 =

【注意】整数位未満四捨五入。

11	¥ 32,098 × 5,892 =
12	¥ 241,375 × 0.768 =
13	¥ 18,976 × 5,609 =
14	¥ 29,875 × 1.536 =
15	¥ 262 × 0.86491 =
16	¥ 58,046 × 4,035 =
17	¥ 39,125 × 16.84 =
18	¥ 8,125 × 2.9536 =
19	¥ 46,983 × 6,517 =
20	¥ 91,670 × 3,684 =

評点	点

<table>
<tr><td></td><td colspan="2">第4回
珠算検定試験
練習問題</td></tr>
</table>

2級
わりざんもんだい
（制限時間　10分）

1問5点（100点満点）

合格点80点

【注意】小数第3位未満四捨五入。

1	33,187,368 ÷ 6,978 =
2	31,343,291 ÷ 3,247 =
3	36,361,536 ÷ 43,968 =
4	46,218,808 ÷ 9,512 =
5	1,657.9865 ÷ 230.5 =
6	0.2183313 ÷ 0.0321 =
7	35,425,841 ÷ 8,279 =
8	62,344.975 ÷ 97.3 =
9	991.0576 ÷ 0.6032 =
10	42,797,224 ÷ 8,104 =

【注意】整数位未満四捨五入。

11	¥ 29,957,216 ÷ 7,648 =
12	¥ 8,756,796 ÷ 3,781 =
13	¥ 12,654 ÷ 13.875 =
14	¥ 24,248,600 ÷ 4,610 =
15	¥ 352,825 ÷ 51.32 =
16	¥ 1,650,253 ÷ 178.4 =
17	¥ 32,407,882 ÷ 5,902 =
18	¥ 14,227 ÷ 0.164 =
19	¥ 52,033 ÷ 6.824 =
20	¥ 26,064,794 ÷ 8,729 =

評点	点

2級
みとりざんもんだい
（制限時間　10分）

I問I0点（I00点満点）

合格点80点

No.	1	2	3	4	5
1	15,803,294	60,145,792	71,305,298	85,642,173	90,217,543
2	47,329,805	47,063,258	69,172,834	10,924,375	52,403,876
3	75,238,490	96,870,452	-36,140,852	86,057,349	-24,368,509
4	42,018,563	27,895,130	-35,609,741	68,495,320	-12,846,593
5	87,615,924	16,372,548	60,594,812	34,079,568	97,425,301
6	68,923,105	98,175,240	58,231,640	73,659,821	80,427,536
7	26,780,354	18,570,324	71,203,468	91,024,573	-48,359,607
8	89,152,730	89,153,627	-18,742,659	12,463,785	-37,561,890
9	71,869,532	25,807,961	-48,723,061	98,615,273	14,325,908
10	97,462,185	68,170,342	15,839,042	18,390,754	64,728,103
計					

No.	6	7	8	9	10
1	85,296,310	19,538,620	46,901,325	89,673,521	56,170,982
2	18,074,925	37,451,206	36,457,219	75,680,214	31,074,296
3	62,839,701	12,456,709	30,619,874	-46,725,308	70,984,125
4	29,457,163	-86,105,427	63,045,729	-15,769,842	15,264,837
5	84,235,176	-94,870,231	42,839,076	60,423,198	51,270,369
6	90,745,168	19,248,506	35,862,719	72,593,416	46,359,870
7	36,852,417	52,643,718	63,917,508	-39,507,428	70,146,293
8	70,629,851	-82,690,517	35,182,674	-42,361,985	14,803,729
9	15,796,234	-60,347,152	70,835,942	39,817,502	61,895,274
10	46,753,108	10,286,495	30,184,695	24,938,056	34,621,590
計					

評点	点

| | 第5回
珠算検定試験
練習問題 | | 2級
かけざんもんだい
（制限時間　10分） | | 1問5点（100点満点）

合格点80点 |

【注意】小数第3位未満四捨五入。

1	12,937	×	7,293	=	
2	72,894	×	9,358	=	
3	842.375	×	0.496	=	
4	57,961	×	9,743	=	
5	648.75	×	0.0847	=	
6	0.10283	×	0.9263	=	
7	70,416	×	2,798	=	
8	6,125	×	539.72	=	
9	0.29875	×	4,096	=	
10	38,542	×	5,912	=	

【注意】整数位未満四捨五入。

11	¥	91,245	×	1,493	=	
12	¥	73,125	×	0.4512	=	
13	¥	25,639	×	9,253	=	
14	¥	97,024	×	2,407	=	
15	¥	490,375	×	0.296	=	
16	¥	65,375	×	5.024	=	
17	¥	7,125	×	84.936	=	
18	¥	57,834	×	1,278	=	
19	¥	7,186	×	0.43626	=	
20	¥	26,578	×	9,603	=	

評点	点

2級
わりざんもんだい
（制限時間　10分）

1問5点（100点満点）

合格点80点

【注意】小数第3位未満四捨五入。

1	74,370,120	÷	9,064	=
2	24,316,864	÷	2,657	=
3	61,396.778	÷	87,961	=
4	11,008,602	÷	1,293	=
5	2,284.422	÷	249.5	=
6	14,302,916	÷	1,972	=
7	7,739.2118	÷	0.8249	=
8	71,906,982	÷	9,538	=
9	21,615.111	÷	23.7	=
10	0.4603281	÷	0.0678	=

【注意】整数位未満四捨五入。

11	¥	22,632,684	÷	7,086	=
12	¥	132,495	÷	14.52	=
13	¥	26,684,727	÷	3,567	=
14	¥	67,442,400	÷	6,840	=
15	¥	52,065	÷	146.25	=
16	¥	686,205	÷	79.56	=
17	¥	6,777	÷	0.108	=
18	¥	45,534,280	÷	4,780	=
19	¥	1,036,262	÷	125.6	=
20	¥	93,596,976	÷	9,582	=

評点		点

第5回 珠算検定試験 練習問題	2級 みとりざんもんだい （制限時間　10分）	1問10点（100点満点） 合格点80点

No.	1	2	3	4	5
1	78,413,256	50,987,312	92,680,417	49,518,730	81,490,326
2	50,318,642	30,589,716	84,659,201	10,928,745	52,648,019
3	17,590,468	89,146,205	-45,610,783	23,498,560	-43,618,052
4	74,018,965	10,532,869	-38,475,920	96,784,302	-15,829,760
5	25,436,897	80,619,354	60,172,493	25,917,836	74,623,851
6	64,021,975	43,902,178	98,673,520	56,498,730	68,391,572
7	80,325,694	65,904,837	-19,320,578	36,258,047	-30,157,248
8	18,594,763	47,321,605	-30,597,612	53,127,640	-54,803,792
9	65,147,238	89,520,374	41,538,267	73,925,418	94,752,830
10	95,204,371	65,804,312	62,453,708	60,789,453	84,612,795
計					

No.	6	7	8	9	10
1	62,795,318	56,473,028	37,592,014	50,947,832	24,801,379
2	93,845,207	92,138,046	69,321,845	12,768,354	62,980,374
3	82,045,791	-50,794,632	48,716,950	-65,109,478	58,734,916
4	16,983,270	-18,427,693	86,150,347	-82,134,690	68,341,597
5	67,958,431	53,207,618	53,271,496	38,914,605	73,845,612
6	97,381,046	98,176,053	47,839,065	14,287,396	32,549,718
7	16,429,530	-10,537,869	84,265,917	47,269,835	47,091,835
8	48,710,592	-35,874,690	40,975,261	-86,390,127	67,302,958
9	28,706,594	87,915,602	81,964,537	-72,641,590	16,380,475
10	86,325,970	62,850,943	21,605,784	37,240,598	91,802,346
計					

評点	点

2級
かけざんもんだい
（制限時間　10分）

1問5点（100点満点）

合格点80点

【注意】小数第3位未満四捨五入。

1	93,286	×	7,023	=	
2	0.70625	×	7,984	=	
3	95,230	×	4,506	=	
4	47,061	×	8,067	=	
5	9,086.25	×	0.748	=	
6	536.25	×	0.0309	=	
7	8.375	×	424.28	=	
8	93,267	×	5,297	=	
9	0.89341	×	0.9304	=	
10	98,136	×	3,847	=	

【注意】整数位未満四捨五入。

11	¥	63,928	×	9,682	=	
12	¥	4,851	×	0.53082	=	
13	¥	58,302	×	3,590	=	
14	¥	389,625	×	0.296	=	
15	¥	51,674	×	8,732	=	
16	¥	96,125	×	32.68	=	
17	¥	51,680	×	8,950	=	
18	¥	49,125	×	68.12	=	
19	¥	81,930	×	4,720	=	
20	¥	4,125	×	974.28	=	

評点	点

		第6回 珠算検定試験 練習問題		**2級** **わりざんもんだい** （制限時間 10分）

1問5点（100点満点）

合格点80点

【注意】小数第3位未満四捨五入。

1	19,384,398 ÷ 3,102 =
2	76,338,450 ÷ 9,270 =
3	10,205.43 ÷ 10,435 =
4	39,408,768 ÷ 5,792 =
5	184.24965 ÷ 3.705 =
6	25,296,300 ÷ 2,916 =
7	48,031.368 ÷ 6.083 =
8	14,530,494 ÷ 1,507 =
9	193.77384 ÷ 3.12 =
10	0.1784404 ÷ 0.0869 =

【注意】整数位未満四捨五入。

11	¥ 19,099,960 ÷ 3,652 =
12	¥ 27,778,275 ÷ 5,879 =
13	¥ 27,859,492 ÷ 78,257 =
14	¥ 10,467,468 ÷ 3,564 =
15	¥ 140,415 ÷ 16.28 =
16	¥ 1,907,591 ÷ 305.2 =
17	¥ 49,472,928 ÷ 5,094 =
18	¥ 1,015,625 ÷ 62.5 =
19	¥ 499,545 ÷ 78.36 =
20	¥ 8,109,340 ÷ 5,780 =

評点	点

2級
みとりざんもんだい
（制限時間　10分）

1問10点（100点満点）

合格点80点

No.	1	2	3	4	5
1	23,456,170	71,085,964	92,174,350	62,895,437	95,037,146
2	18,740,936	94,362,817	80,946,573	29,035,418	72,380,594
3	80,549,167	36,728,410	-24,597,806	82,679,513	-24,950,783
4	94,105,623	18,346,097	-43,509,278	48,706,325	-19,305,287
5	40,823,759	64,829,731	81,376,052	19,438,657	72,108,954
6	31,425,097	91,870,325	83,074,265	57,032,486	85,036,942
7	48,197,625	97,238,410	-12,570,896	27,906,548	20,765,934
8	21,653,790	14,932,675	-59,281,034	95,028,614	-16,803,547
9	80,937,541	73,102,458	47,823,159	86,450,932	-47,916,358
10	29,316,047	84,670,932	70,532,691	67,480,351	68,913,207
計					

No.	6	7	8	9	10
1	83,791,605	30,916,487	27,653,941	68,074,359	76,431,908
2	52,810,497	53,917,642	37,516,948	79,460,815	84,320,615
3	65,290,413	-96,482,710	69,458,230	-21,365,870	64,207,518
4	26,349,581	-81,420,536	78,246,139	-39,507,628	18,293,054
5	49,580,367	28,734,905	61,957,402	71,438,526	50,416,837
6	76,132,059	17,986,052	76,983,405	97,251,063	19,368,275
7	50,641,938	51,042,769	41,927,086	-38,912,756	80,152,674
8	87,194,653	-90,317,246	35,749,281	-20,691,543	43,956,021
9	35,098,146	-94,712,053	76,194,325	73,465,129	14,836,275
10	85,926,173	16,357,209	51,968,024	80,723,694	72,359,108
計					

評点	点

	第7回 珠算検定試験 練習問題		2級 かけざんもんだい （制限時間　10分）		1問5点（100点満点） 合格点80点

【注意】小数第3位未満四捨五入。

1	43,051	×	3,574	=	
2	0.96875	×	1,428	=	
3	15,908	×	7,352	=	
4	83,179	×	5,427	=	
5	132.875	×	0.704	=	
6	23.125	×	0.0347	=	
7	3.625	×	572.68	=	
8	29,537	×	3,201	=	
9	0.39524	×	0.5734	=	
10	25,918	×	4,592	=	

【注意】整数位未満四捨五入。

11	¥	87,426	×	9,438	=	
12	¥	2,843	×	0.73254	=	
13	¥	49,832	×	8,432	=	
14	¥	450,125	×	2.68	=	
15	¥	21,786	×	4,091	=	
16	¥	62,375	×	50.12	=	
17	¥	27,490	×	4,721	=	
18	¥	34,125	×	7.592	=	
19	¥	20,846	×	1,085	=	
20	¥	9,625	×	625.08	=	

評点	点

2級
わりざんもんだい

（制限時間　10分）

1問5点（100点満点）

合格点80点

【注意】小数第3位未満四捨五入。

1	63,648,144 ÷ 9,756 =
2	16,543.725 ÷ 3.025 =
3	69,236,640 ÷ 9,207 =
4	3,900,854 ÷ 3,701 =
5	206,026.07 ÷ 52,963 =
6	6,179.9144 ÷ 730.4 =
7	38,942.936 ÷ 52.6 =
8	36,448,848 ÷ 6,841 =
9	0.3426019 ÷ 0.0426 =
10	17,822,931 ÷ 2,351 =

【注意】整数位未満四捨五入。

11	¥ 20,604,582 ÷ 5,438 =
12	¥ 2,642,715 ÷ 289.6 =
13	¥ 2,659,158 ÷ 1,523 =
14	¥ 25,027,548 ÷ 68,757 =
15	¥ 81,384,506 ÷ 9,803 =
16	¥ 17,556 ÷ 1.824 =
17	¥ 12,037,536 ÷ 5,971 =
18	¥ 794,850 ÷ 90.84 =
19	¥ 34,940,472 ÷ 6,709 =
20	¥ 136,275 ÷ 2.76 =

評点		点

| | 第7回 珠算検定試験 練習問題 | | 2級 みとりざんもんだい （制限時間　10分） | | 1問10点（100点満点） 合格点80点 |

No.	1	2	3	4	5
1	75,016,482	69,425,830	68,297,450	19,238,605	89,302,567
2	87,230,546	46,273,098	70,652,184	91,063,472	73,546,980
3	16,938,724	54,902,761	-15,479,306	41,687,239	-56,382,419
4	39,615,780	18,604,932	-36,524,910	85,301,297	-15,276,308
5	72,031,584	92,653,018	78,130,942	34,697,028	59,617,284
6	14,239,860	84,960,372	91,583,620	78,205,416	81,053,462
7	48,129,305	31,950,867	38,560,971	34,805,769	-40,819,536
8	35,794,162	13,245,798	-52,813,409	89,217,356	-20,459,783
9	29,047,583	57,843,620	-28,190,746	96,127,504	49,238,170
10	32,680,519	36,579,041	65,817,493	42,178,053	64,089,231
計					

No.	6	7	8	9	10
1	70,563,894	51,870,423	64,927,058	34,186,279	68,734,920
2	85,196,340	69,047,258	92,348,617	52,683,014	89,601,574
3	67,295,418	-23,895,064	59,136,402	-81,439,726	10,832,675
4	82,659,714	-56,872,039	32,461,807	-76,281,954	78,910,532
5	71,950,348	96,308,745	71,423,068	54,680,739	10,245,768
6	85,931,726	64,792,508	94,607,182	46,291,305	79,630,582
7	57,806,493	34,026,189	86,540,793	15,237,498	23,198,754
8	12,709,854	-54,279,813	36,291,054	-61,259,473	76,542,893
9	82,594,706	-37,824,561	53,614,897	-82,136,047	43,690,725
10	62,871,409	84,506,793	26,817,034	40,286,135	54,019,736
計					

評点	点

2級
かけざんもんだい

（制限時間　10分）

1問5点（100点満点）

合格点80点

【注意】小数第3位未満四捨五入。

1	96,571	×	4,095	=	
2	29,860	×	1,742	=	
3	630.875	×	0.208	=	
4	48,310	×	6,741	=	
5	986.25	×	0.0283	=	
6	15,984	×	3,678	=	
7	0.97875	×	2,096	=	
8	30,941	×	7,349	=	
9	8,125	×	0.92456	=	
10	0.68291	×	0.7534	=	

【注意】整数位未満四捨五入。

11	¥	58,309	×	2,357	=	
12	¥	97,021	×	4,036	=	
13	¥	139,625	×	0.872	=	
14	¥	54,981	×	2,379	=	
15	¥	10,125	×	87.32	=	
16	¥	9,652	×	0.65972	=	
17	¥	18,975	×	7,650	=	
18	¥	2,125	×	50.936	=	
19	¥	39,625	×	10.36	=	
20	¥	94,673	×	6,317	=	

評点	点

第8回 珠算検定試験 練習問題

2級 わりざんもんだい

（制限時間　10分）

1問5点（100点満点）

合格点80点

【注意】小数第3位未満四捨五入。

1	45,129,714 ÷ 8,362 =
2	0.1140948 ÷ 0.0328 =
3	41,815,812 ÷ 8,156 =
4	655,208.32 ÷ 67,132 =
5	3,370,753 ÷ 2,579 =
6	407.85553 ÷ 8.713 =
7	39,464,458 ÷ 6,782 =
8	12,548.398 ÷ 1.349 =
9	23,712,000 ÷ 3,840 =
10	71.45916 ÷ 1.38 =

【注意】整数位未満四捨五入。

11	¥ 14,893,648 ÷ 7,693 =
12	¥ 570,969 ÷ 138.4 =
13	¥ 6,038,670 ÷ 3,190 =
14	¥ 149,075 ÷ 418.75 =
15	¥ 11,164,570 ÷ 8,791 =
16	¥ 621,435 ÷ 97.48 =
17	¥ 29,736,026 ÷ 8,194 =
18	¥ 14,504 ÷ 2.368 =
19	¥ 8,602,440 ÷ 6,517 =
20	¥ 34,029 ÷ 0.456 =

評点		点

第8回 珠算検定試験 練習問題		2級 みとりざんもんだい （制限時間　10分）		1問10点（100点満点） 合格点80点	

No.	1	2	3	4	5
1	38,921,506	13,547,689	70,984,356	21,643,507	64,201,859
2	53,204,967	28,601,975	40,127,684	34,865,972	78,139,452
3	42,361,789	16,582,749	-16,720,835	53,071,269	-27,013,956
4	49,681,027	57,490,312	-21,796,508	78,162,903	-17,534,962
5	32,715,468	65,297,413	69,824,301	95,831,260	57,302,816
6	41,729,086	12,340,876	84,732,510	68,304,572	79,601,543
7	52,867,349	70,259,481	-12,846,509	42,657,398	81,935,627
8	72,356,098	95,028,416	-56,849,713	16,025,847	-19,306,854
9	42,108,379	43,609,127	71,302,869	45,609,238	-57,392,061
10	25,973,106	84,637,902	93,427,165	14,093,682	25,461,397
計					

No.	6	7	8	9	10
1	62,397,014	39,485,206	15,024,873	73,296,841	54,279,130
2	92,416,758	16,325,478	29,614,058	86,459,302	86,093,471
3	18,725,369	-62,389,514	90,743,286	-49,361,075	46,952,873
4	93,410,562	-97,508,163	71,830,925	-39,576,184	82,593,410
5	63,581,047	28,079,431	39,561,027	84,350,627	49,576,218
6	49,163,750	51,406,389	26,743,018	64,780,912	60,895,427
7	56,094,238	36,470,915	34,916,527	-42,839,607	94,876,213
8	17,063,459	-72,065,839	12,756,039	-34,509,271	56,413,908
9	29,347,651	-61,859,270	56,178,320	19,425,637	30,517,864
10	36,071,528	30,654,927	90,178,654	98,670,531	64,983,170
計					

評点	点

珠算検定準1級・1級

合格をつかむ
3つの練習方法

⇒準1級・1級を受検したい人は、こちらからどうぞ。

01 計算速度を高める 3つの練習法

　珠算検定準1級と1級は3種目（かけ算、わり算、みとり算）とも、新しく習う計算方法はありません。すべてこれまでやってきたことのまとめになります。1級は、**計算の技術と計算の速さが重要**です。練習方法はさまざまですが、第3章では**速度を上げるための3つの方法**を紹介します。

　小さなところから積み上げていくことで、計算時間を縮めていくことができます。ぜひ練習に取り入れてみてください。

練習方法1 すばやく数字を書く練習

　数字を書く速度を上げる練習、コンマや小数点をすばやく打つ練習を行います。第3章02では、**数字をすばやく、小さく、きれいに書く**練習方法を紹介します。

練習方法2 かけ算とわり算の速算方法

　計算は、正しい答えが出てしまえば、そこでやめてもいいわけです。第3章03では、**計算のむだを省いて、計算の速度を上げる**速算方法をいくつか紹介します。

練習方法3 みとり算の正答率を上げる分割法

　みとり算はけた数も多くなるため、そろばん玉の入れまちがえが多くなりがちです。第3章04では、**みとり算を3つの部分に分けて計算をする**分割法を紹介します。

　それでは、次のページから順番に説明していきます。

02 すばやく数字を書く練習

　今までに数字やコンマ、小数点の書き方で注意されたという経験はないでしょうか？　数字やコンマ、小数点をきれいに書くことが必要なのはどの級にも当てはまることですが、とくに珠算検定１級は計算量が増えることから、**数字を速く小さく書くことが重要**です。とくに「６と０」、「１と７」、「４と９」などは数字の形が似ているので書き方に注意が必要です。

　数字を速く小さく書く、そして、だれにでも読みやすい字を書くことがとても重要です。

　毎回そろばん練習を始める前の準備運動として、次の例題の動画を手本にして、数字を書く練習を取り入れてみてはいかがでしょうか。

例題　１分間で、どこまで書けるかを練習してみましょう。練習する数字は、コンマと小数点のちがいも練習もできる、1,234,567.890です。読みやすい字で書きましょう。目標は４行目まで書き終えることです。

▶解説動画

1,234,567.890　　1,234,567.890
目標ライン →

　次のページに、くり返し練習できる数字の練習用紙を用意しました。こちらをコピーして練習してみてください。

数字の練習① 月 日（ 　　 ）

1,234,567.890　　*1,234,567.890*

目標ライン

数字の練習② 月 日（ 　　 ）

1,234,567.890　　*1,234,567.890*

目標ライン

数字の練習③ 月 日（ 　　 ）

1,234,567.890　　*1,234,567.890*

目標ライン

03 かけ算とわり算の速算方法

　珠算検定準1級と1級に合格するためには、計算の技術と計算の速さをもう一段上げていく必要があります。これまでどおりのやり方では時間内に終わらせることが難しくなります。そこで、**1問でも多く速く計算ができるように、「答えが出た段階で計算をやめる方法」「わり算のもどし算をしない方法」**を紹介します。次の例題の動画でくわしいやり方を確認してください。

かけ算の場合

・小数計算では、小数第4位または小数第1位まで答えが出たら計算をやめる。

例題1 次のかけ算を計算しましょう。

① $0.352647×0.72185=$

② $97917×0.105376=$

▶解説動画

例題1の答え

① 0.255　② 97

わり算の場合

・わりきれる問題は、わりきれるとわかったところで計算をやめる。
・小数計算は、小数第4位または小数第1位の答えが決まったら計算をやめる。
・わり算のもどし算をしない。または、もどし算の回数を減らす。

例題2 次のわり算を計算しましょう。

① $42,299,985÷8,645=$

② $2.74297538÷0.02781=$

③ $962÷13=$

▶解説動画

例題2の答え

① $4,893$　② 98.633　③ 74

次のかけ算の計算をしましょう。

① $0.50943 \times 0.3524 =$

② $0.75192 \times 0.3741 =$

③ $0.62935 \times 0.4687 =$

④ $0.81532 \times 0.3056 =$

⑤ $0.73965 \times 0.6812 =$

⑥ ¥$62,715 \times 0.43582 =$

⑦ ¥$13,582 \times 0.58273 =$

⑧ ¥$31,495 \times 0.19836 =$

⑨ ¥$50,326 \times 0.28561 =$

⑩ ¥$49,713 \times 0.47675 =$

次のわり算の計算をしましょう。

① $182,356,608 \div 48,512 =$

② $495,667.004 \div 5,924 =$

③ $129,378.284 \div 3,167 =$

④ $21.54621 \div 4.59 =$

⑤ $43.602492 \div 0.0961 =$

⑥ ¥$20,800,896 \div 7,296 =$

⑦ ¥$88,371,304 \div 14,602 =$

⑧ ¥$214,515,444 \div 6,098 =$

⑨ ¥$47,188.812 \div 0.7352 =$

⑩ ¥$54,803.1825 \div 0.5841 =$

☞練習問題の答えは別冊「本書の答え」の 12 ページ

04 みとり算の正答率を上げる分割法

　珠算検定１級のみとり算は、10けた（10億）10口（10回）を足したり引いたりして計算します。そのため、計算ミスが多く正答率が下がってしまう場合があります。

　そこで、正確に速く計算する方法として分割法を使って計算することがあります。分割法は、どのように計算するのか、次の例題の動画でくわしく説明します。

例題 次の計算をしましょう。

▶解説動画

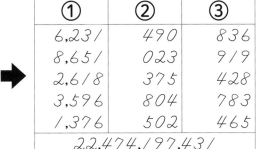

1
6,231,490,836
8,651,023,919
2,618,375,428
3,596,804,783
1,376,502,465

①	②	③
6,231	490	836
8,651	023	919
2,618	375	428
3,596	804	783
1,376	502	465
22,474,197,431		

2
3,576,041,374
-9,627,408,513
-1,058,269,374
4,769,352,815
2,314,591,608

①	②	③
3,576	041	374
-9,627	-408	-513
-1,058	-269	-374
4,769	352	815
2,314	591	608
-25,692,090		

分割法の計算方法のポイント

１．計算するときは、コンマごとに区切って①②③の順番に計算します。

２．①の行の計算が終わったら、そろばん上の答えがくずれないように上にもっていき、②の行、③の行と計算していきます（途中、マイナスの計算があるときは、借りた場所と数を覚えておきましょう）。

３．③までの計算が終われば、そのときのそろばん上の数が答えになります。

※途中で引けなくなるみとり算の場合は、たりないぶん（補数）が答えになります。

105

分割法を使って、次の計算をしましょう。

①	②	③
9,852,103,754	5,067,943,182	3,059,897,412
6,417,209,380	6,914,083,257	1,250,798,675
7,059,831,462	−3,584,927,610	−9,475,360,258
4,783,605,906	−2,049,576,381	−3,754,211,809
2,957,386,145	5,804,327,645	7,506,481,327

ここまでできたら
準1級・1級の
練習問題に取り組もう！

☞ 練習問題の答えは別冊「本書の答え」の 12 ページ

珠算検定準1級練習問題
（かけざん、わりざん、みとりざん）
全8回

検定試験の受検を目指して練習しよう！

　日本珠算連盟と「まなぶてらす」の両方の検定試験に対応する準1級の練習問題を用意しました。かけざん、わりざん、みとりざんそれぞれ8回ずつの問題を用意しています。練習しやすいようにコピーを取って取り組むことをおすすめします。

　第3章までで学んできたことを参考にしながら毎日少しずつ練習を進めてください。そして各種目、時間内に合格点（80点）を取れるようになったら、9ページの「01　珠算検定受検ガイド」を参考に、実際の検定を受検してみましょう。

■準1級の追加問題ダウンロード（全30回）

　「もっと練習がしたい！」「問題がたりない！」という人は、ダウンロードできる追加の問題を各種目30回分用意しましたので、こちらの QR コードから問題をダウンロードして、プリントアウトをしてご利用ください。

ダウンロード

■そろばんレッスンについて

　「講師に教えてもらいながら進めたい」「もっと上達したい」という人は、「まなぶてらす」のオンラインそろばんレッスンを受講してみてください（体験レッスンもできます）。くわしくは、13ページの「05　オンラインそろばんレッスン受講ガイド」をご覧ください。

☞練習問題の答えは別冊「本書の答え」の 13～14 ページ

準1級
かけざんもんだい
（制限時間　10分）

1問5点（100点満点）

合格点80点

【注意】小数第3位未満四捨五入。

1	80,354	×	75,326	=
2	0.40163	×	0.01327	=
3	13,584	×	83,962	=
4	59,782	×	630.72	=
5	945,136	×	7,382	=
6	38,510	×	14,768	=
7	0.72138	×	0.75361	=
8	0.8125	×	1,758.32	=
9	1,798	×	187,594	=
10	89,367	×	0.98175	=

【注意】整数位未満四捨五入。

11	¥	13,870	×	56,397	=
12	¥	50,861	×	0.51479	=
13	¥	18,596	×	67,015	=
14	¥	580,243	×	3,698	=
15	¥	60,312	×	9,237.5	=
16	¥	87,204	×	24,387	=
17	¥	49,352	×	34.625	=
18	¥	4,821	×	735,928	=
19	¥	32,504	×	86.125	=
20	¥	94,326	×	0.03621	=

評点	点

第1回	準1級	1問5点（100点満点）
珠算検定試験	わりざんもんだい	合格点80点
練習問題	（制限時間　10分）	

【注意】小数第3位未満四捨五入。

1	158,031,396	÷	6,827	=
2	4,084,780.23	÷	60.57	=
3	364,153,335	÷	5,173	=
4	208,042.606	÷	5,318	=
5	84,646,996	÷	268	=
6	388,332,552	÷	9,637	=
7	121.784215	÷	4.379	=
8	594,458,703	÷	6,579	=
9	16.505216	÷	0.0436	=
10	10,686.6101	÷	671.8	=

【注意】整数位未満四捨五入。

11	¥ 120,731,130	÷	1,482	=
12	¥ 75,287	÷	0.9875	=
13	¥ 11,278	÷	0.3096	=
14	¥ 209,948,922	÷	5,829	=
15	¥ 52,108,400	÷	987.5	=
16	¥ 466,930,495	÷	751	=
17	¥ 76,538,968	÷	4,972	=
18	¥ 5,903	÷	0.0705	=
19	¥ 199,631,124	÷	2,178	=
20	¥ 85,417,300	÷	912.5	=

評点		点

| | 第1回 珠算検定試験 練習問題 | | 準1級 みとりざんもんだい （制限時間　10分） | | 1問10点（100点満点） 合格点80点 |

No.	1	2	3	4	5
1	832,614,905	738,561,094	804,931,672	795,436,021	807,635,942
2	409,753,162	456,910,387	702,364,981	958,103,642	708,124,536
3	925,468,317	316,725,890	-251,079,684	453,107,298	-238,679,014
4	384,719,560	734,691,805	-394,620,871	562,879,431	-465,032,187
5	478,695,023	867,342,109	985,147,306	418,325,760	621,085,973
6	241,785,630	157,620,348	258,639,047	917,352,648	294,831,056
7	946,102,587	342,069,185	596,043,728	381,294,570	637,084,215
8	246,078,953	956,417,283	-172,856,403	132,086,745	-569,782,314
9	195,286,740	641,359,708	-583,671,942	586,042,973	-407,532,189
10	743,185,026	297,418,650	614,852,037	381,025,764	612,589,034
計					

No.	6	7	8	9	10
1	304,165,278	825,107,369	364,801,729	412,370,985	513,872,069
2	750,849,623	790,823,164	847,356,901	312,647,850	921,473,650
3	943,561,270	825,731,096	386,492,057	106,749,358	142,695,087
4	809,532,417	-713,045,689	893,460,712	-753,489,610	987,265,430
5	641,978,532	-520,139,647	561,907,423	-234,719,056	704,125,683
6	540,239,176	368,940,275	780,915,324	469,038,527	816,937,204
7	754,619,803	195,037,624	981,365,072	264,578,190	297,458,613
8	951,027,384	-801,439,762	485,370,621	-924,368,175	650,943,872
9	825,439,607	-264,078,513	723,190,854	-403,875,612	943,582,176
10	971,583,046	234,968,150	210,439,675	137,950,824	490,725,681
計					

評点	点

第2回 珠算検定試験 練習問題	準1級 かけざんもんだい （制限時間　10分）	1問5点（100点満点） 合格点80点

【注意】小数第3位未満四捨五入。

1	79,021 × 10,426 =
2	17,246 × 386.79 =
3	0.07098 × 0.25861 =
4	0.8375 × 7,215.36 =
5	65,234 × 71,934 =
6	12.534 × 96.207 =
7	493,260 × 3,654 =
8	57,268 × 19,378 =
9	26,408 × 0.02784 =
10	16,245 × 819.62 =

【注意】整数位未満四捨五入。

11	¥ 65,329 × 78,129 =
12	¥ 67,382 × 0.92068 =
13	¥ 57,342 × 94,067 =
14	¥ 792,360 × 1,748 =
15	¥ 95,048 × 7,412.5 =
16	¥ 93,452 × 20,967 =
17	¥ 63,104 × 4,137.5 =
18	¥ 3,021 × 782,310 =
19	¥ 21,856 × 4,937.5 =
20	¥ 90,245 × 0.02895 =

評点	点

準1級
わりざんもんだい
（制限時間　10分）

1問5点（100点満点）

合格点80点

【注意】小数第3位未満四捨五入。

1	231,065,380 ÷ 3,185 =
2	3,056,740.65 ÷ 42.05 =
3	141,643,152 ÷ 6,972 =
4	260,684.693 ÷ 3,648 =
5	141,677,826 ÷ 193 =
6	156,550,471 ÷ 5,621 =
7	63.2085849 ÷ 4.396 =
8	131,803,322 ÷ 2,681 =
9	16.069656 ÷ 0.0372 =
10	17,608.3907 ÷ 750.6 =

【注意】整数位未満四捨五入。

11	¥ 570,955,312 ÷ 6,037 =
12	¥ 48,087 ÷ 0.4875 =
13	¥ 34,756,800 ÷ 487.5 =
14	¥ 63,389,964 ÷ 1,758 =
15	¥ 10,777 ÷ 0.5824 =
16	¥ 129,009,064 ÷ 274 =
17	¥ 264,863,676 ÷ 2,783 =
18	¥ 1,106 ÷ 0.0214 =
19	¥ 87,586,380 ÷ 3,045 =
20	¥ 66,481,800 ÷ 962.5 =

評点	点

第2回	準1級	1問10点（100点満点）
珠算検定試験 練習問題	みとりざんもんだい （制限時間　10分）	合格点80点

No.	1	2	3	4	5
1	490,128,367	791,625,043	764,982,351	796,420,518	845,062,173
2	145,326,890	351,782,906	853,610,427	296,378,410	703,145,682
3	837,450,192	620,431,597	-651,928,704	470,158,396	-851,206,437
4	931,624,750	231,758,904	-532,968,701	107,263,958	-283,109,675
5	428,907,631	627,198,405	923,148,056	867,091,532	395,786,140
6	586,270,139	463,052,918	204,896,357	156,092,374	912,705,384
7	147,625,380	153,042,689	371,856,240	618,479,523	708,246,319
8	692,075,814	871,602,394	-734,298,561	431,709,825	-560,293,471
9	570,816,932	529,143,068	-751,240,386	576,182,049	-947,315,628
10	416,982,037	924,835,670	415,873,960	351,729,608	492,610,537
計					

No.	6	7	8	9	10
1	893,275,401	234,105,976	284,693,075	984,167,035	426,805,937
2	175,420,938	104,562,738	724,801,596	703,586,491	538,261,790
3	760,912,435	305,267,891	937,406,812	185,746,309	431,067,925
4	963,814,570	-853,961,470	431,072,586	-574,921,308	760,231,594
5	270,196,548	-913,426,508	507,324,981	-571,842,039	186,253,490
6	683,247,150	956,183,270	274,061,593	960,418,325	967,203,548
7	490,237,518	123,748,569	982,046,517	847,920,163	789,463,102
8	798,421,350	-538,496,102	270,159,483	-673,250,498	915,820,437
9	263,108,597	-892,134,056	782,539,064	-279,416,035	780,431,956
10	632,154,870	905,836,124	23,079,845	487,065,291	162,984,507
計					

評点	点

準1級
かけざんもんだい
（制限時間　10分）

1問5点（100点満点）

合格点80点

【注意】小数第3位未満四捨五入。

1	75,126	×	40,318	=
2	0.02148	×	0.10824	=
3	75,649	×	81,046	=
4	0.7125	×	10,756.8	=
5	578,314	×	4,623	=
6	0.93826	×	0.94063	=
7	35,824	×	73,562	=
8	0.06875	×	4,315.2	=
9	8.6415	×	4,985.2	=
10	56,089	×	79,064	=

【注意】整数位未満四捨五入。

11	¥	92,840	×	27,365	=
12	¥	58,702	×	0.70361	=
13	¥	67,532	×	70,396	=
14	¥	748,265	×	7,605	=
15	¥	18,064	×	34.125	=
16	¥	49,063	×	91,704	=
17	¥	18,456	×	10.875	=
18	¥	8,241	×	280,134	=
19	¥	53,928	×	6,037.5	=
20	¥	49,061	×	0.03864	=

評点	点

第3回 珠算検定試験 練習問題	準1級 わりざんもんだい （制限時間 10分）	1問5点（100点満点） 合格点80点

【注意】小数第3位未満四捨五入。

1	28,214,518 ÷ 1,906 =
2	4,066,901.82 ÷ 51.39 =
3	103,919,175 ÷ 1,725 =
4	423,794.524 ÷ 6,015 =
5	109,864,905 ÷ 395 =
6	707,662,638 ÷ 9,027 =
7	16,892.096 ÷ 478.6 =
8	309,357,696 ÷ 7,391 =
9	634.80348 ÷ 0.0972 =
10	1,380.17774 ÷ 26.85 =

【注意】整数位未満四捨五入。

11	¥	26,597,592 ÷ 2,154 =
12	¥	77,211 ÷ 0.8625 =
13	¥	81,159,702 ÷ 1,027 =
14	¥	55,101 ÷ 0.6715 =
15	¥	5,184,300 ÷ 68.75 =
16	¥	422,787,059 ÷ 593 =
17	¥	206,790,453 ÷ 5,193 =
18	¥	3,761 ÷ 0.0387 =
19	¥	422,499,717 ÷ 8,709 =
20	¥	14,611,800 ÷ 612.5 =

評点		点

準1級 みとりざんもんだい

（制限時間　10分）

1問10点（100点満点）

合格点80点

No.	1	2	3	4	5
1	154,830,976	327,198,465	960,158,723	794,150,638	705,186,294
2	913,072,465	250,734,819	802,365,491	437,298,160	931,067,258
3	680,329,147	704,382,951	-940,372,168	740,169,823	-264,709,853
4	819,324,750	820,456,137	-805,261,973	496,527,301	-831,762,904
5	609,237,145	539,678,021	894,173,502	314,059,287	489,531,602
6	273,540,981	416,039,875	960,235,478	759,843,261	316,798,450
7	428,503,179	294,810,367	746,051,839	247,865,390	207,459,163
8	293,017,846	438,501,296	-827,049,356	183,249,076	-329,074,658
9	312,657,980	876,210,594	-461,327,905	263,518,749	-324,170,956
10	134,289,056	957,063,812	258,419,736	816,907,532	107,986,432
計					

No.	6	7	8	9	10
1	837,014,962	942,103,567	234,807,619	468,507,213	961,273,805
2	207,318,465	820,714,693	692,804,157	158,762,304	684,150,739
3	624,798,301	319,072,458	572,346,801	871,640,592	527,831,640
4	259,874,316	-762,904,385	498,127,053	-634,275,091	150,237,869
5	604,158,972	-270,594,318	214,350,968	-875,403,192	679,450,182
6	312,456,708	604,928,751	570,182,694	172,436,859	837,591,260
7	923,781,605	839,241,057	491,286,537	231,859,470	792,350,618
8	750,416,392	-426,017,589	783,905,614	-350,482,791	692,183,574
9	859,136,704	-245,610,973	285,741,369	-857,362,049	214,798,503
10	581,479,306	420,583,671	839,270,456	135,294,760	706,251,849
計					

評点 　　　　点

	第4回 珠算検定試験 練習問題	準1級 かけざんもんだい （制限時間　10分）	1問5点（100点満点） 合格点80点

【注意】小数第3位未満四捨五入。

1	10,436 × 43,867 =
2	71,280 × 0.34681 =
3	320.714 × 4.132 =
4	68,791 × 94,107 =
5	15,692 × 8,941.6 =
6	8,790 × 874,059 =
7	79,452 × 18,704 =
8	0.18345 × 0.02437 =
9	78,160 × 46,725 =
10	0.03125 × 8,075.2 =

【注意】整数位未満四捨五入。

11	¥ 65,078 × 56,421 =
12	¥ 53,928 × 0.47389 =
13	¥ 13,567 × 71,092 =
14	¥ 807,691 × 3,240 =
15	¥ 14,672 × 328.75 =
16	¥ 45,931 × 21,059 =
17	¥ 92,184 × 248.75 =
18	¥ 4,127 × 681,543 =
19	¥ 20,864 × 43.125 =
20	¥ 58,471 × 0.01436 =

評点	点

117

準1級
わりざんもんだい
（制限時間　10分）

1問5点（100点満点）

合格点80点

【注意】小数第3位未満四捨五入。

1	299,275,636 ÷ 3,641 =
2	1,643,324.55 ÷ 17.85 =
3	522,830,748 ÷ 7,628 =
4	274,022.397 ÷ 7,589 =
5	694,565,124 ÷ 748 =
6	594,203,555 ÷ 7,205 =
7	7,965.65085 ÷ 82.09 =
8	353,442,534 ÷ 6,938 =
9	5.8264584 ÷ 0.0942 =
10	4,202.29639 ÷ 48.72 =

【注意】整数位未満四捨五入。

11	¥ 432,229,590 ÷ 5,270 =
12	¥ 63,580 ÷ 0.6875 =
13	¥ 14,481 ÷ 0.8321 =
14	¥ 141,233,625 ÷ 9,425 =
15	¥ 4,556,580 ÷ 71.25 =
16	¥ 97,952,928 ÷ 582 =
17	¥ 90,542,790 ÷ 1,482 =
18	¥ 1,986 ÷ 0.0549 =
19	¥ 37,657,615 ÷ 2,347 =
20	¥ 744,310 ÷ 38.75 =

評点	点

準1級 みとりざんもんだい

（制限時間　10分）

1問10点（100点満点）

合格点80点

No.	1	2	3	4	5
1	213,745,068	654,982,013	928,710,546	982,154,037	810,573,629
2	785,031,462	841,570,962	892,170,364	429,067,513	953,786,012
3	376,185,290	964,208,713	-103,952,487	823,570,964	-659,831,704
4	976,305,482	640,238,951	-134,570,986	924,760,318	-598,703,642
5	852,916,734	352,698,104	613,798,452	681,094,572	714,908,263
6	593,612,807	873,640,295	896,401,357	251,407,639	436,021,597
7	308,597,412	419,852,370	253,976,401	674,015,382	329,054,781
8	470,312,869	876,542,091	-795,201,348	718,506,429	-564,738,290
9	746,029,581	952,873,614	-426,970,381	514,368,072	-612,790,538
10	584,910,736	824,071,953	320,169,475	416,597,380	481,065,723
計					

No.	6	7	8	9	10
1	204,185,379	273,945,168	410,285,736	978,045,261	174,952,038
2	632,581,047	157,498,320	740,598,261	752,130,468	518,029,346
3	521,068,743	263,157,849	871,302,946	913,026,587	165,902,843
4	492,657,031	-654,813,907	173,605,498	-419,582,670	936,721,084
5	836,075,294	-925,478,013	536,289,017	-802,174,639	782,350,419
6	721,308,496	750,468,219	478,653,291	405,198,367	230,459,816
7	610,243,589	241,679,803	591,034,786	387,615,904	574,901,862
8	392,470,851	-680,394,751	356,284,170	-543,179,268	752,013,864
9	768,953,102	-830,964,572	615,237,904	-870,964,513	381,695,420
10	560,123,947	812,547,036	261,357,940	275,068,934	645,132,079
計					

評点	点

準1級
かけざんもんだい
（制限時間　10分）

1問5点（100点満点）

合格点80点

【注意】小数第3位未満四捨五入。

1	73,421	×	26,507	=		
2	0.1875	×	9,154.72	=		
3	10,785	×	86,157	=		
4	78,236	×	0.07054	=		
5	62,804	×	75.206	=		
6	92,753	×	59,076	=		
7	0.02761	×	0.19024	=		
8	6,925	×	916,378	=		
9	56,493	×	15,892	=		
10	56.238	×	790.53	=		

【注意】整数位未満四捨五入。

11	¥	74,689	×	13,458	=	
12	¥	76,581	×	0.34169	=	
13	¥	42,703	×	97,138	=	
14	¥	968,350	×	6,587	=	
15	¥	15,328	×	30.625	=	
16	¥	59,871	×	15,674	=	
17	¥	45,392	×	93.875	=	
18	¥	5,894	×	652,901	=	
19	¥	29,304	×	96.875	=	
20	¥	60,174	×	0.07481	=	

評点	点

	第5回 珠算検定試験 練習問題	準1級 わりざんもんだい (制限時間 10分)	1問5点（100点満点） 合格点80点

【注意】小数第3位未満四捨五入。

1	407,043,972 ÷ 5,612 =
2	8,389,433.07 ÷ 97.53 =
3	636,216,255 ÷ 6,807 =
4	139,984.302 ÷ 7,243 =
5	378,742,407 ÷ 951 =
6	290,445,112 ÷ 2,963 =
7	224.610308 ÷ 17.48 =
8	442,069,542 ÷ 4,689 =
9	3.2863922 ÷ 0.0689 =
10	3,030.62264 ÷ 102.8 =

【注意】整数位未満四捨五入。

11	¥	84,538,944 ÷ 1,392 =
12	¥	125,105,652 ÷ 3,074 =
13	¥	26,656 ÷ 0.6125 =
14	¥	40,150 ÷ 0.9623 =
15	¥	13,737,300 ÷ 362.5 =
16	¥	631,082,166 ÷ 957 =
17	¥	79,830,300 ÷ 3,740 =
18	¥	1,751 ÷ 0.0182 =
19	¥	220,534,251 ÷ 5,403 =
20	¥	25,234,000 ÷ 687.5 =

評点	点

準1級
みとりざんもんだい
（制限時間　10分）

1問10点（100点満点）

合格点80点

No.	1	2	3	4	5
1	273,614,958	634,759,208	971,560,483	428,153,097	971,840,352
2	432,965,081	456,381,902	815,093,746	209,531,874	781,204,695
3	983,162,074	963,475,028	-152,904,837	574,308,691	-140,287,359
4	176,859,342	269,853,410	-784,596,132	139,760,854	-132,580,697
5	876,205,913	409,782,135	750,219,834	387,629,410	631,540,789
6	630,451,972	195,684,073	943,617,205	598,714,632	794,032,568
7	768,192,540	543,169,708	510,962,374	409,172,653	816,953,472
8	470,182,635	170,325,894	-857,043,692	581,320,496	-958,042,631
9	675,918,203	910,452,687	-298,375,104	718,634,029	-754,281,903
10	280,794,135	586,940,273	830,462,195	813,960,547	208,796,345
計					

No.	6	7	8	9	10
1	208,956,341	918,723,405	574,693,018	216,387,495	209,376,418
2	472,851,936	839,426,017	490,325,687	347,068,129	906,142,573
3	176,802,543	259,371,460	951,372,408	482,056,731	617,284,390
4	832,107,946	-315,067,842	182,746,503	-618,295,703	897,041,256
5	160,427,893	-287,190,364	862,904,137	-213,796,584	405,216,937
6	208,716,934	596,820,437	378,496,251	150,743,268	845,239,170
7	365,790,241	657,293,480	192,458,603	350,172,496	749,280,563
8	860,153,942	-970,386,415	709,432,186	-631,702,594	891,367,405
9	643,859,207	-813,527,609	257,483,169	-729,486,310	793,281,560
10	139,258,046	834,196,025	735,860,924	418,692,075	973,825,604
計					

評点	点

準1級
かけざんもんだい
（制限時間　10分）

1問5点（100点満点）

合格点80点

準1級

第5回　第6回

【注意】小数第3位未満四捨五入。

1	40,137	×	49,352	=
2	0.43768	×	0.06812	=
3	19,623	×	46,385	=
4	42,083	×	5,147.2	=
5	594,206	×	9,578	=
6	25,018	×	20,936	=
7	0.98104	×	0.81376	=
8	0.6875	×	82,149.6	=
9	3,452	×	702,856	=
10	92,760	×	0.45279	=

【注意】整数位未満四捨五入。

11	¥	48,967	×	95,423	=
12	¥	81,263	×	0.81273	=
13	¥	52,816	×	42,867	=
14	¥	823,567	×	4,982	=
15	¥	25,104	×	4,187.5	=
16	¥	78,435	×	53,271	=
17	¥	98,576	×	983.75	=
18	¥	4,132	×	389,054	=
19	¥	51,384	×	6,912.5	=
20	¥	69,432	×	0.05498	=

評点		点

準1級 わりざんもんだい

（制限時間　10分）

1問5点（100点満点）

合格点80点

【注意】小数第3位未満四捨五入。

1	148,575,197 ÷ 2,063 =
2	115,547.708 ÷ 1.462 =
3	150,741,101 ÷ 8,729 =
4	254,600.241 ÷ 6,735 =
5	455,258,776 ÷ 952 =
6	63,168,400 ÷ 1,975 =
7	4,275.36459 ÷ 92.38 =
8	331,289,484 ÷ 5,718 =
9	46.075376 ÷ 0.0956 =
10	553.155105 ÷ 9.386 =

【注意】整数位未満四捨五入。

11	¥ 856,829,324 ÷ 9,308 =
12	¥ 247,817,262 ÷ 9,174 =
13	¥ 19,722 ÷ 0.7125 =
14	¥ 8,922 ÷ 0.1096 =
15	¥ 1,779,870 ÷ 98.75 =
16	¥ 176,604,239 ÷ 329 =
17	¥ 261,211,584 ÷ 7,482 =
18	¥ 1,373 ÷ 0.0865 =
19	¥ 308,266,575 ÷ 3,571 =
20	¥ 8,407,410 ÷ 91.25 =

評点	点

第6回 珠算検定試験 練習問題

準1級 みとりざんもんだい

（制限時間　10分）

1問10点（100点満点）

合格点80点

No.	1	2	3	4	5
1	109,735,462	287,453,691	824,150,367	586,403,719	781,235,946
2	540,782,639	547,613,290	712,695,483	367,821,405	890,427,615
3	158,026,947	790,382,154	-973,650,241	721,360,954	-704,235,681
4	467,953,012	127,958,043	-126,598,307	481,973,605	-619,827,530
5	273,145,069	751,834,096	320,184,695	506,713,849	419,032,867
6	405,928,617	358,024,769	109,785,432	285,931,764	723,496,850
7	738,452,691	728,069,415	729,015,843	865,023,149	324,890,516
8	460,381,529	835,907,261	-670,195,834	413,860,725	-483,126,095
9	709,182,364	615,804,237	-528,760,913	681,259,347	-160,843,592
10	542,168,309	421,973,680	614,983,270	501,346,278	459,127,863
計					

No.	6	7	8	9	10
1	368,419,025	409,761,852	780,219,436	853,074,296	782,134,906
2	562,987,431	314,065,829	184,325,067	986,307,241	463,718,509
3	902,317,456	817,263,945	537,208,164	256,789,340	783,960,152
4	260,385,794	-964,802,173	634,890,152	-132,459,076	541,093,687
5	419,758,023	-236,971,540	427,905,163	-321,584,967	914,083,726
6	856,207,314	169,408,327	147,235,098	815,370,296	270,518,469
7	248,706,935	268,175,049	507,821,394	520,697,843	305,849,712
8	317,542,069	-692,507,183	847,325,196	-257,601,938	120,586,974
9	709,685,413	-942,057,861	592,614,780	-748,602,351	704,156,328
10	561,023,879	567,920,138	849,270,615	167,543,290	913,256,740
計					

評点	点

準1級
かけざんもんだい

（制限時間　10分）

1問5点（100点満点）

合格点80点

【注意】小数第3位未満四捨五入。

1	75,902 × 60,431 =
2	0.45186 × 0.07163 =
3	45,136 × 23,806 =
4	23,796 × 9,803.1 =
5	925,713 × 4,127 =
6	20,317 × 35,107 =
7	0.92654 × 0.52408 =
8	0.6125 × 98,217.6 =
9	9,643 × 827,430 =
10	37,680 × 0.50182 =

【注意】整数位未満四捨五入。

11	¥ 79,648 × 93,516 =
12	¥ 65,029 × 0.37405 =
13	¥ 34,795 × 40,527 =
14	¥ 903,261 × 7,529 =
15	¥ 24,576 × 308.75 =
16	¥ 81,254 × 34,917 =
17	¥ 92,856 × 62.875 =
18	¥ 2,814 × 908,651 =
19	¥ 41,832 × 28.375 =
20	¥ 53,728 × 0.03927 =

評点	点

第7回
珠算検定試験
練習問題 | | 準1級
わりざんもんだい
（制限時間　10分） | | 1問5点（100点満点）

合格点80点 |

【注意】小数第3位未満四捨五入。

1	331,285,602	÷	5,218	=
2	385,171,248	÷	6,501	=
3	102,608,380	÷	2,540	=
4	250,309,514	÷	4,157	=
5	130,329,312	÷	503	=
6	86,157,435	÷	3,185	=
7	27,402,247	÷	324.7	=
8	161,830,752	÷	2,456	=
9	505.70814	÷	0.0647	=
10	1,842.13995	÷	26.37	=

【注意】整数位未満四捨五入。

11	¥	466,662,728	÷	6,518	=
12	¥	5,709	÷	0.1375	=
13	¥	86,283	÷	0.9236	=
14	¥	335,047,440	÷	7,280	=
15	¥	22,447,100	÷	387.5	=
16	¥	189,544,392	÷	678	=
17	¥	168,699,744	÷	7,158	=
18	¥	1,919	÷	0.0425	=
19	¥	514,498,704	÷	8,013	=
20	¥	34,824,900	÷	762.5	=

評点	点

準1級 みとりざんもんだい

（制限時間　10分）

1問10点（100点満点）
合格点80点

No.	1	2	3	4	5
1	826,170,453	450,267,318	765,409,832	642,905,371	728,561,439
2	318,609,754	278,961,354	832,596,014	360,971,548	935,817,624
3	659,430,817	490,532,761	-630,827,541	604,159,382	-246,958,710
4	739,152,460	965,241,037	-109,425,768	476,250,183	-215,407,369
5	386,451,209	645,713,820	874,612,359	653,249,781	549,067,238
6	850,721,364	523,810,649	124,873,056	168,754,092	482,305,961
7	748,135,290	407,321,698	340,658,912	273,581,649	126,573,498
8	480,273,651	213,809,764	-952,740,816	461,759,802	-243,958,761
9	286,045,917	563,120,789	-380,164,752	342,650,897	-958,364,720
10	804,396,752	805,914,236	159,304,287	850,492,716	698,534,217
計					

No.	6	7	8	9	10
1	845,790,231	718,659,024	968,047,352	189,250,634	601,395,487
2	398,106,245	809,561,347	718,532,469	367,924,815	768,593,412
3	193,078,426	408,197,523	608,795,123	421,803,569	945,187,203
4	285,390,417	-305,948,712	987,420,351	-546,873,021	840,659,132
5	906,571,238	-904,138,527	813,956,042	-594,326,108	430,781,269
6	785,923,041	861,520,794	560,498,237	543,027,816	851,074,293
7	264,830,179	182,537,940	894,613,750	498,250,137	410,276,895
8	582,794,063	-349,760,582	906,182,753	-905,471,236	985,631,207
9	410,326,598	-210,846,397	712,345,890	-957,148,320	482,731,659
10	263,981,045	854,679,031	567,190,248	465,728,193	583,074,261
計					

評点	点

第8回	準1級	1問5点（100点満点）
珠算検定試験	かけざんもんだい	
練習問題	（制限時間　10分）	合格点80点

【注意】小数第3位未満四捨五入。

1	87,016	×	14,937	=	
2	0.3625	×	96,587.2	=	
3	56,427	×	42,367	=	
4	81,594	×	0.04798	=	
5	94,156	×	74.302	=	
6	93,470	×	84,203	=	
7	0.07583	×	0.35048	=	
8	7,152	×	176,409	=	
9	57,231	×	19,865	=	
10	86.532	×	75.941	=	

【注意】整数位未満四捨五入。

11	¥	90,682	×	84,653	=	
12	¥	95,604	×	0.15087	=	
13	¥	86,954	×	24,156	=	
14	¥	867,145	×	1,278	=	
15	¥	98,456	×	9,137.5	=	
16	¥	50,394	×	91,857	=	
17	¥	63,192	×	943.75	=	
18	¥	1,653	×	315,697	=	
19	¥	47,056	×	40.875	=	
20	¥	80,692	×	0.02679	=	

評点	点

129

準1級
わりざんもんだい
（制限時間　10分）

1問5点（100点満点）

合格点80点

【注意】小数第3位未満四捨五入。

1	700,007,220 ÷ 9,570 =
2	3,573,480.24 ÷ 67.32 =
3	846,487,164 ÷ 9,804 =
4	167,627.797 ÷ 2,631 =
5	180,187,896 ÷ 357 =
6	160,914,468 ÷ 1,738 =
7	47,968.4006 ÷ 794.8 =
8	69,851,124 ÷ 1,962 =
9	81.14602 ÷ 0.0263 =
10	660.935862 ÷ 7.209 =

【注意】整数位未満四捨五入。

11	¥ 462,503,360 ÷ 7,205 =
12	¥ 46,200 ÷ 0.9375 =
13	¥ 76,864,540 ÷ 2,410 =
14	¥ 6,115 ÷ 0.2354 =
15	¥ 2,692,800 ÷ 68.75 =
16	¥ 244,384,196 ÷ 452 =
17	¥ 776,849,920 ÷ 8,960 =
18	¥ 2,371 ÷ 0.0374 =
19	¥ 30,147,164 ÷ 1,052 =
20	¥ 690,030 ÷ 63.75 =

評点	点

準1級
みとりざんもんだい
（制限時間　10分）

1問10点（100点満点）

合格点80点

準1級
第8回

No.	1	2	3	4	5
1	109,728,643	934,160,852	789,302,164	716,435,892	973,018,264
2	490,326,178	364,259,187	908,546,123	358,170,294	840,153,976
3	923,586,701	896,327,405	-397,452,018	479,215,083	-701,264,983
4	241,905,873	931,246,078	-580,917,236	981,305,467	-704,563,982
5	302,569,481	728,169,345	236,541,870	375,698,041	801,345,967
6	201,435,967	281,693,047	614,732,509	864,930,752	726,518,934
7	893,045,761	397,125,608	120,754,368	298,057,416	948,236,051
8	916,234,705	814,795,023	-357,920,164	640,789,132	-786,924,510
9	178,063,592	586,920,374	-480,176,259	308,179,564	-529,806,314
10	428,175,036	940,863,217	279,385,604	218,345,907	316,879,520
計					

No.	6	7	8	9	10
1	745,319,208	378,641,052	275,306,491	835,197,062	965,301,427
2	217,304,869	208,547,963	593,674,218	973,520,814	128,946,073
3	147,895,023	152,649,730	213,786,549	519,273,680	567,921,084
4	683,017,492	-537,198,206	947,018,532	-756,892,304	352,846,901
5	530,841,679	-519,732,604	691,428,357	-391,760,248	275,013,948
6	760,312,945	569,780,142	408,613,579	825,134,907	497,235,806
7	687,019,234	158,492,607	530,761,984	961,823,074	645,921,807
8	502,314,879	-536,917,802	346,519,870	-357,481,962	217,869,043
9	106,394,752	-642,085,937	728,013,569	-950,732,864	346,280,175
10	657,912,483	128,063,574	385,279,460	653,987,401	257,841,039
計					

評点	点

珠算検定1級練習問題
（かけざん、わりざん、みとりざん）
全8回

検定試験の受検を目指して練習しよう！

　日本珠算連盟と「まなぶてらす」の両方の検定試験に対応する1級の練習問題を用意しました。かけざん、わりざん、みとりざんそれぞれ8回ずつの問題を用意しています。練習しやすいようにコピーを取って取り組むことをおすすめします。

　第3章までで学んできたことを参考にしながら毎日少しずつ練習を進めてください。そして各種目、時間内に合格点（80点）を取れるようになったら、9ページの「01　珠算検定受検ガイド」を参考に、実際の検定を受検してみましょう。

■1級の追加問題ダウンロード（全30回）

　「もっと練習がしたい！」「問題がたりない！」という人は、ダウンロードできる追加の問題を各種目30回分用意しましたので、こちらのQRコードから問題をダウンロードして、プリントアウトをしてご利用ください。

ダウンロード

■そろばんレッスンについて

　「講師に教えてもらいながら進めたい」「もっと上達したい」という人は、「まなぶてらす」のオンラインそろばんレッスンを受講してみてください（体験レッスンもできます）。

　くわしくは、13ページの「05　オンラインそろばんレッスン受講ガイド」をご覧ください。

第1回 珠算検定試験 練習問題	1級 かけざんもんだい （制限時間　10分）	1問5点（100点満点） 合格点80点

【注意】小数第3位未満四捨五入。

1	849,671	×	32,769	=
2	267,594	×	42,735	=
3	34,625	×	18.2596	=
4	831,042	×	60,792	=
5	7,923.75	×	0.09712	=
6	0.409857	×	0.74321	=
7	108,356	×	32,679	=
8	314,687.5	×	0.7924	=
9	5.27375	×	60,132	=
10	406,791	×	50,847	=

【注意】整数位未満四捨五入。

11	¥	568,497	×	76,029	=
12	¥	450,125	×	86.592	=
13	¥	293,078	×	64,289	=
14	¥	869,041	×	20,498	=
15	¥	63,125	×	418.952	=
16	¥	164,625	×	790.28	=
17	¥	7,435,875	×	5.712	=
18	¥	471,320	×	20,961	=
19	¥	92,576	×	0.450974	=
20	¥	853,192	×	35,419	=

評点	点

1級
わりざんもんだい
（制限時間　10分）

1問5点（100点満点）

合格点80点

【注意】小数第3位未満四捨五入。

1	2,107,241,232	÷	54,372	=	
2	0.6345237	÷	0.01025	=	
3	1,909,098,808	÷	40,526	=	
4	2,270,830.476	÷	395,684	=	
5	2,450,609.312	÷	70,436	=	
6	234,695.0528	÷	4,620.8	=	
7	190,595,245	÷	17,935	=	
8	400,889.0601	÷	6.8319	=	
9	1,037,016,588	÷	10,847	=	
10	41,110.10058	÷	81.59	=	

【注意】整数位未満四捨五入。

11	¥	3,183,808,017	÷	50,217	=	
12	¥	451,501,678	÷	4,796.8	=	
13	¥	998,051,444	÷	14,867	=	
14	¥	15,509,845	÷	8,061.25	=	
15	¥	5,403,298,615	÷	61,897	=	
16	¥	27,472,170	÷	587.64	=	
17	¥	451,305,625	÷	28,075	=	
18	¥	27,683,480	÷	592.16	=	
19	¥	5,379,014,544	÷	75,128	=	
20	¥	14,349,785	÷	16.04	=	

評点		点

	第1回
	珠算検定試験
	練習問題

1級
みとりざんもんだい
（制限時間　10分）

1問10点（100点満点）

合格点80点

No.	1	2	3	4	5
1	5,947,381,202	7,429,510,863	9,436,785,121	1,283,096,579	7,905,386,124
2	1,479,058,238	6,580,194,279	6,285,413,970	4,156,370,987	6,810,935,470
3	9,760,423,152	7,035,916,240	-3,804,791,526	5,076,984,131	-2,547,361,097
4	7,543,918,027	1,479,382,057	-1,825,304,970	3,146,790,287	-3,259,104,765
5	1,082,756,348	3,841,572,695	7,896,532,141	1,829,465,702	7,069,342,518
6	6,034,791,284	8,137,260,943	6,094,271,534	3,714,958,264	8,061,795,423
7	8,093,475,620	1,864,529,375	-1,628,095,746	9,702,145,687	7,146,058,932
8	1,682,039,541	7,561,398,046	-5,189,204,673	2,481,067,530	-1,852,036,975
9	5,743,298,162	9,284,035,164	2,179,684,304	4,378,921,568	-3,945,702,164
10	8,197,362,047	6,957,234,109	4,528,976,013	3,096,421,784	4,751,806,328
計					

No.	6	7	8	9	10
1	2,948,310,561	2,583,107,965	7,320,641,584	5,269,301,787	5,928,701,432
2	4,275,639,105	1,309,672,483	6,483,521,097	7,206,841,392	6,970,381,521
3	7,345,089,167	2,547,368,107	7,389,250,415	-3,940,751,863	2,968,051,349
4	8,246,357,091	-9,256,130,871	2,396,417,052	-2,715,689,402	4,958,263,704
5	1,970,268,430	-8,624,019,537	7,324,591,807	6,098,125,346	3,406,219,878
6	9,346,872,108	2,709,316,458	4,390,528,618	7,694,258,039	4,712,690,385
7	2,043,651,970	3,245,976,184	8,529,136,474	4,321,675,893	5,207,836,916
8	7,562,940,136	-9,276,401,858	1,804,293,768	-2,701,489,535	2,561,394,874
9	1,364,287,050	-4,980,573,261	6,079,354,819	-3,581,069,271	7,493,618,027
10	8,429,063,716	1,863,247,909	9,237,654,801	1,674,082,592	5,360,941,282
計					

評点	点

1級
かけざんもんだい
（制限時間　10分）

1問5点（100点満点）

合格点80点

【注意】小数第3位未満四捨五入。

1	293,805	×	47,981	=
2	68,125	×	53.7428	=
3	283,406	×	80,413	=
4	0.867875	×	67,912	=
5	0.582617	×	0.26018	=
6	832,961	×	19,082	=
7	4,901.25	×	0.02914	=
8	6,989.625	×	5.296	=
9	981,406	×	16,527	=
10	746,102	×	37,624	=

【注意】整数位未満四捨五入。

11	¥	374,698	×	78,253	=
12	¥	291,534	×	58,721	=
13	¥	43,125	×	192.584	=
14	¥	201,458	×	75,086	=
15	¥	486,375	×	296.84	=
16	¥	603,479	×	46,503	=
17	¥	218,625	×	80.352	=
18	¥	360,912	×	71,650	=
19	¥	8,760,125	×	41.32	=
20	¥	60,875	×	0.984569	=

評点		点

1級
わりざんもんだい
（制限時間　10分）

【注意】小数第3位未満四捨五入。

1	1,471,485,968	÷	20,348	=
2	2.5015199l	÷	0.07151	=
3	2,375,241,700	÷	90,142	=
4	3,549,634.487	÷	540,197	=
5	2,587,269,992	÷	45,289	=
6	27,630.31492	÷	56.347	=
7	2,066,444,859	÷	35,149	=
8	1,719,562.86	÷	53.964	=
9	1,032,532,930	÷	20,813	=
10	2,393,956.656	÷	627.9	=

【注意】整数位未満四捨五入。

11	¥	2,252,179,200	÷	52,480	=
12	¥	159,538,945	÷	9,817.6	=
13	¥	444,370,310	÷	21,874	=
14	¥	27,002,315	÷	4,123.75	=
15	¥	486,117,720	÷	19,720	=
16	¥	2,620,363	÷	72.536	=
17	¥	3,030,524,720	÷	41,378	=
18	¥	55,070,560	÷	897.28	=
19	¥	4,311,130,499	÷	50,843	=
20	¥	360,573,875	÷	384.1	=

評点	点

第2回 珠算検定試験 練習問題

1級 みとりざんもんだい

（制限時間　10分）

1問10点（100点満点）

合格点80点

No.	1	2	3	4	5
1	6,134,079,853	6,785,932,102	9,148,675,234	9,630,821,578	9,106,735,285
2	1,286,350,745	7,159,420,835	5,792,038,165	4,312,805,761	6,925,308,741
3	6,907,438,219	6,245,307,190	-4,853,176,020	8,732,450,914	-3,461,809,570
4	9,871,063,247	3,695,102,474	-2,876,301,953	6,352,784,097	-1,698,732,057
5	6,034,921,584	7,063,542,919	6,145,930,785	1,398,457,068	8,749,352,109
6	7,435,891,623	4,356,720,986	5,081,239,762	8,930,157,620	6,781,293,545
7	6,037,824,956	6,243,907,158	-1,489,056,737	4,925,317,608	-3,287,016,459
8	3,185,260,745	1,042,835,694	-5,284,367,014	6,437,012,853	-2,345,791,082
9	5,703,862,491	7,520,698,340	7,982,156,030	8,430,715,261	3,768,512,905
10	3,190,857,423	5,947,602,813	6,725,134,891	6,018,942,370	6,104,829,378
計					

No.	6	7	8	9	10
1	5,134,978,601	6,421,795,832	7,246,853,098	5,081,764,235	8,254,306,193
2	3,150,672,490	8,312,479,656	9,712,586,349	1,986,504,326	1,046,598,737
3	7,564,891,029	-4,026,795,819	7,134,628,908	2,064,713,593	7,428,651,301
4	6,321,790,581	-1,689,547,323	2,943,651,871	-7,681,430,254	1,864,305,295
5	1,053,627,942	6,104,532,896	3,216,847,959	-4,062,135,790	2,351,694,081
6	4,256,807,935	9,437,218,053	9,760,854,231	3,268,570,143	1,783,695,408
7	1,564,930,878	8,219,760,532	8,934,502,716	2,186,354,978	5,136,904,280
8	2,780,514,691	-4,318,650,294	5,804,927,130	-7,465,892,037	8,517,492,367
9	3,128,496,579	-3,659,072,842	4,957,320,864	-8,457,293,615	6,807,915,240
10	8,237,096,512	2,193,870,560	1,642,395,876	2,753,109,680	1,705,246,983
計					

評点	点

1級
かけざんもんだい

（制限時間　10分）

1問5点（100点満点）

合格点80点

【注意】小数第3位未満四捨五入。

1	357,681	×	58,796	=	
2	814,362	×	69,731	=	
3	686.25	×	96.1328	=	
4	513,829	×	41,573	=	
5	437.625	×	0.01424	=	
6	0.548316	×	0.71654	=	
7	947,210	×	84,793	=	
8	640,937.5	×	0.4372	=	
9	78.5625	×	25,084	=	
10	185,206	×	68,357	=	

【注意】整数位未満四捨五入。

11	¥	368,097	×	83,079	=	
12	¥	58,407	×	0.936748	=	
13	¥	743,958	×	41,835	=	
14	¥	10,375	×	395.296	=	
15	¥	624,139	×	20,743	=	
16	¥	860,375	×	62.784	=	
17	¥	694,071	×	12,768	=	
18	¥	672,625	×	750.12	=	
19	¥	935,714	×	12,985	=	
20	¥	3,789,625	×	2.568	=	

評点	点

1級
わりざんもんだい
（制限時間　10分）

1問5点（100点満点）

合格点80点

【注意】小数第3位未満四捨五入。

1	$1,265,872,098 \div 15,486 =$
2	$0.25766836 \div 0.01563 =$
3	$3,677,824,704 \div 67,094 =$
4	$14,650,003.65 \div 864,307 =$
5	$4,894,531,590 \div 60,395 =$
6	$38,365.4063 \div 1,542.7 =$
7	$2,867,829,737 \div 48,539 =$
8	$149,573.6424 \div 2.3478 =$
9	$1,598,340,591 \div 61,359 =$
10	$4,106,592.252 \div 715.6 =$

【注意】整数位未満四捨五入。

11	¥	$7,422,919,866 \div 98,523 =$
12	¥	$1,477,287,240 \div 74,860 =$
13	¥	$45,328,780 \div 9,871.25 =$
14	¥	$1,491,573,943 \div 15,893 =$
15	¥	$520,020,475 \div 5,794.1 =$
16	¥	$50,015,204 \div 1,347.2 =$
17	¥	$3,087,615,152 \div 43,528 =$
18	¥	$433,347 \div 1.972 =$
19	¥	$1,190,475 \div 29.304 =$
20	¥	$3,428,620,740 \div 62,418 =$

評点	点

1級 みとりざんもんだい

（制限時間　10分）

1問10点（100点満点）

合格点80点

No.	1	2	3	4	5
1	2,514,637,804	4,791,528,631	5,894,307,612	9,852,047,612	6,501,237,482
2	7,158,320,647	1,572,368,497	9,126,537,048	3,649,215,874	8,075,219,649
3	4,752,398,615	4,519,320,760	-2,845,073,192	4,851,736,921	-2,798,450,165
4	8,453,962,108	9,620,817,546	-3,246,078,510	8,627,045,394	-4,701,682,530
5	9,538,624,715	5,691,074,835	5,412,398,609	1,840,596,738	5,197,032,842
6	1,486,593,703	3,982,754,018	6,308,451,276	4,680,321,753	6,857,493,123
7	9,672,081,546	9,654,123,874	-1,807,564,298	8,251,694,705	-4,870,162,396
8	1,864,329,703	4,365,129,785	-4,153,068,976	6,213,085,971	-2,081,567,341
9	9,750,238,168	1,593,082,741	3,856,021,794	9,438,605,129	9,712,048,637
10	8,759,204,610	4,987,015,629	1,657,093,285	8,576,419,202	5,912,708,461
計					

No.	6	7	8	9	10
1	3,058,196,248	3,910,728,461	8,352,094,165	7,182,945,632	7,590,824,369
2	1,479,802,562	1,749,603,589	9,167,084,528	9,653,012,780	3,570,269,181
3	6,125,984,073	-6,348,512,078	4,385,027,692	-5,621,984,076	9,015,286,340
4	1,098,523,462	-9,517,402,631	3,164,958,278	-4,362,850,718	1,908,346,751
5	4,032,698,174	5,349,120,760	1,528,437,907	9,327,465,083	3,016,547,893
6	6,497,813,502	4,920,761,539	5,276,104,932	7,354,290,818	6,890,354,278
7	2,014,368,595	2,136,980,456	7,382,065,143	1,327,496,089	9,417,603,823
8	3,197,085,623	-4,308,572,695	6,842,739,156	-4,069,172,358	6,905,472,139
9	5,240,137,961	-8,907,316,253	5,720,489,634	-5,274,019,360	5,807,316,292
10	6,318,409,274	6,259,438,170	8,142,306,590	7,538,046,215	1,803,756,941
計					

評点	点

1級
かけざんもんだい
（制限時間　10分）

1問5点（100点満点）

合格点80点

【注意】小数第3位未満四捨五入。

1	247,518	×	89,647	=
2	457,936	×	32,746	=
3	671.25	×	20.4168	=
4	165,082	×	54,087	=
5	4,163.75	×	0.08935	=
6	0.791058	×	0.52891	=
7	859,231	×	69,840	=
8	749,812.5	×	0.9876	=
9	2.43125	×	87,492	=
10	905,176	×	29,617	=

【注意】整数位未満四捨五入。

11	¥	410,639	×	72,103	=
12	¥	76,140	×	0.870945	=
13	¥	294,716	×	45,193	=
14	¥	31,625	×	195.368	=
15	¥	907,412	×	79,236	=
16	¥	726,375	×	57.192	=
17	¥	381,429	×	46,125	=
18	¥	467,875	×	192.84	=
19	¥	567,104	×	23,941	=
20	¥	2,910,875	×	5,896	=

評点	点

第4回 珠算検定試験 練習問題		1級 わりざんもんだい （制限時間　10分）	1問5点（100点満点） 合格点80点

【注意】小数第3位未満四捨五入。

1	1,443,507,912	÷	38,472	=
2	8,156,130.52	÷	760,124	=
3	5,527,538,250	÷	61,230	=
4	3,348,490.428	÷	42.039	=
5	3.33750313	÷	0.03956	=
6	3,531,732,447	÷	46,219	=
7	505,729.9428	÷	9,765.2	=
8	12,206.48352	÷	89.26	=
9	649,931,726	÷	13,562	=
10	921,610,800	÷	67,320	=

【注意】整数位未満四捨五入。

11	¥	3,353,469,684	÷	56,702	=
12	¥	25,221,975	÷	8,463.75	=
13	¥	910,547,296	÷	17,489	=
14	¥	601,601,425	÷	6,512.6	=
15	¥	55,102,513	÷	3,019.2	=
16	¥	942,474,611	÷	27,163	=
17	¥	46,288,215	÷	932.76	=
18	¥	323,819,875	÷	374.9	=
19	¥	1,307,370,144	÷	25,134	=
20	¥	2,766,510,763	÷	96,721	=

評点	点

<table>
<tr><td>第4回
珠算検定試験
練習問題</td><td>1級
みとりざんもんだい
（制限時間　10分）</td><td>1問10点（100点満点）
合格点80点</td></tr>
</table>

No.	1	2	3	4	5
1	9,763,241,589	8,472,631,056	9,435,268,174	9,045,871,624	8,302,954,672
2	4,739,068,218	5,189,423,679	6,470,519,321	8,247,153,069	9,708,314,251
3	6,845,379,109	9,576,031,823	-2,630,847,197	3,104,258,672	-3,649,780,525
4	7,230,519,863	3,807,964,251	-4,529,016,834	8,029,654,318	-2,386,957,406
5	5,762,918,304	6,740,139,824	5,234,186,901	7,496,521,836	7,103,984,258
6	4,105,632,980	8,065,293,475	8,091,524,362	2,083,495,679	8,612,493,072
7	6,073,925,412	1,327,089,459	4,706,915,326	5,983,214,764	7,945,203,161
8	4,538,791,201	5,238,701,965	-1,065,298,743	9,046,518,279	-4,921,765,039
9	5,049,613,279	9,614,735,204	-3,041,298,569	7,520,398,162	-3,947,081,521
10	3,071,852,693	3,750,628,148	7,218,693,508	9,780,431,623	6,942,075,136
計					

No.	6	7	8	9	10
1	3,701,485,627	9,716,482,308	9,482,631,758	4,350,892,164	4,298,607,158
2	5,604,213,972	7,568,243,919	7,564,831,027	5,427,861,097	3,256,071,493
3	2,635,409,185	-5,381,026,948	2,714,385,068	-9,586,274,019	4,830,956,212
4	5,617,340,826	-3,810,426,594	4,815,209,634	-6,253,918,408	1,568,047,398
5	7,180,325,960	5,897,016,431	1,508,279,341	2,798,456,316	6,405,729,834
6	1,625,034,895	7,903,546,184	5,749,630,212	5,109,872,343	3,427,605,815
7	4,097,381,520	1,684,029,373	1,859,062,371	7,261,049,389	5,861,409,738
8	8,035,617,498	-4,953,768,104	9,705,864,239	-8,204,137,595	1,948,025,765
9	2,681,035,975	-1,270,395,689	5,190,647,387	-9,021,438,762	5,342,691,784
10	8,419,257,639	5,239,487,018	1,892,376,401	7,240,983,513	2,143,987,567
計					

評点	点

144

1級
かけざんもんだい
（制限時間　10分）

1問5点（100点満点）
合格点80点

【注意】小数第3位未満四捨五入。

1	560,231	×	81,765	=	
2	461,270	×	58,943	=	
3	896.25	×	34.0872	=	
4	432,951	×	95,413	=	
5	8,916.25	×	0.07215	=	
6	0.675482	×	0.37024	=	
7	374,958	×	65,781	=	
8	6,380.125	×	8.096	=	
9	0.502375	×	49,512	=	
10	872,543	×	72,634	=	

【注意】整数位未満四捨五入。

11	¥	235,649	×	98,415	=	
12	¥	192,076	×	29,376	=	
13	¥	57,125	×	834.952	=	
14	¥	871,469	×	45,123	=	
15	¥	483,125	×	5.4832	=	
16	¥	24,913	×	0.724587	=	
17	¥	609,358	×	56,234	=	
18	¥	7,680,125	×	43.16	=	
19	¥	932,375	×	683.24	=	
20	¥	540,927	×	21,583	=	

評点		点

1級
わりざんもんだい

（制限時間　10分）

1問5点（100点満点）

合格点80点

【注意】小数第3位未満四捨五入。

1	$1,147,222,397 \div 18,937 =$
2	$542,740.844 \div 43.061 =$
3	$6,286,135,570 \div 83,270 =$
4	$855,514,022 \div 69,278 =$
5	$4,826,031.806 \div 748,106 =$
6	$37,040.39196 \div 45.708 =$
7	$702,130.506 \div 218.9 =$
8	$5,285,821,521 \div 82,317 =$
9	$4.55487543 \div 0.08459 =$
10	$1,876,607,968 \div 89,456 =$

【注意】整数位未満四捨五入。

11	¥	$6,295,807,350 \div 96,275 =$
12	¥	$5,982,678,776 \div 76,298 =$
13	¥	$31,779 \div 12.0375 =$
14	¥	$4,200,954,830 \div 98,570 =$
15	¥	$22,642,545 \div 360.12 =$
16	¥	$1,155,176,528 \div 54,896 =$
17	¥	$4,247,586 \div 47,592 =$
18	¥	$1,629,415,224 \div 23,586 =$
19	¥	$4,201,794,375 \div 5,185 =$
20	¥	$74,648,296 \div 4,593.6 =$

評点	点

1級
みとりざんもんだい

（制限時間　10分）

1問10点（100点満点）

合格点80点

No.	1	2	3	4	5
1	3,168,957,049	2,503,986,474	6,128,453,976	6,913,487,051	9,503,128,769
2	2,940,613,852	4,981,627,051	8,152,074,961	5,420,316,878	7,258,309,615
3	2,305,986,146	1,507,382,493	-4,768,319,204	9,274,651,304	-1,684,095,237
4	4,872,950,367	5,237,984,601	-2,675,318,491	6,089,437,517	-3,245,618,098
5	7,834,691,203	8,046,927,515	6,981,704,525	5,641,708,321	5,847,961,023
6	5,307,928,142	3,624,597,808	8,273,945,010	6,790,285,346	6,742,059,310
7	7,309,624,851	8,964,250,371	9,357,861,423	2,873,914,650	-5,721,984,367
8	9,485,263,018	6,528,370,148	-2,387,045,195	3,842,751,691	-3,948,156,071
9	8,915,073,420	5,103,629,874	-1,028,974,636	1,962,874,530	8,371,205,648
10	7,439,185,608	7,810,453,968	5,976,241,080	5,394,271,608	9,463,852,109
計					

No.	6	7	8	9	10
1	3,071,859,462	6,902,785,417	9,542,601,375	7,039,425,163	9,417,865,235
2	5,729,461,389	3,670,981,540	5,920,473,868	9,218,530,747	5,926,438,101
3	7,624,915,036	1,097,832,451	7,320,589,142	-1,052,984,671	4,301,285,674
4	6,970,185,342	-6,315,782,907	4,789,306,159	-3,618,970,453	9,563,418,705
5	8,462,975,031	-9,165,430,723	2,931,805,470	5,082,196,371	4,082,317,563
6	9,620,745,815	4,965,218,074	6,245,371,985	7,609,214,859	2,465,793,102
7	2,105,983,676	5,310,784,960	7,286,451,301	3,501,942,783	6,520,941,738
8	8,791,506,341	-3,812,905,646	5,941,867,237	-5,632,918,476	7,520,361,841
9	5,470,931,680	-9,740,152,869	1,085,364,274	-4,561,089,723	8,702,143,690
10	6,732,905,417	4,283,059,614	8,516,970,342	6,471,832,509	2,891,035,648
計					

評点	点

1
級
第5回

147

1級
かけざんもんだい
（制限時間　10分）

1問5点（100点満点）

合格点80点

【注意】小数第3位未満四捨五入。

1	673,804	×	70,581	=
2	971.25	×	32.1984	=
3	620,754	×	59,168	=
4	9.51375	×	21,536	=
5	0.457139	×	0.18497	=
6	359,180	×	74,358	=
7	120.375	×	0.05178	=
8	527,487.5	×	0.6932	=
9	682,319	×	50,361	=
10	501,497	×	24,970	=

【注意】整数位未満四捨五入。

11	¥	726,194	×	96,783	=
12	¥	86,375	×	7,854.12	=
13	¥	981,056	×	56,407	=
14	¥	602,875	×	163.72	=
15	¥	13,796	×	0.943671	=
16	¥	612,904	×	29,453	=
17	¥	201,875	×	1.5376	=
18	¥	1,362,875	×	91.64	=
19	¥	803,254	×	71,426	=
20	¥	601,825	×	25,160	=

評点	点

1級
わりざんもんだい
（制限時間　10分）

1問5点（100点満点）

合格点80点

【注意】小数第3位未満四捨五入。

1	896,911,302	÷	60,754	=
2	1,785,001,536	÷	481,392	=
3	6,565,861,647	÷	75,891	=
4	99,454.05	÷	9.1452	=
5	3.09985357	÷	0.04095	=
6	1,347,016,500	÷	15,894	=
7	782,716,0124	÷	7,926.8	=
8	4,589,315.625	÷	937.5	=
9	837,279,851	÷	29,857	=
10	3,087,643,724	÷	39,281	=

【注意】整数位未満四捨五入。

11	¥ 9,023,046,480	÷	95,376	=
12	¥ 291,773,385	÷	3,728.7	=
13	¥ 6,475,799,250	÷	69,750	=
14	¥ 4,599,905	÷	2,483.75	=
15	¥ 9,359,398,108	÷	96,428	=
16	¥ 1,259,836	÷	52.768	=
17	¥ 4,277,270,604	÷	81,492	=
18	¥ 28,580,030	÷	365.24	=
19	¥ 2,608,123,755	÷	26,713	=
20	¥ 75,576,210	÷	92.76	=

評点	点

1級 みとりざんもんだい
（制限時間　10分）

1問10点（100点満点）

合格点80点

No.	1	2	3	4	5
1	8,290,734,168	7,154,308,928	7,184,365,294	5,892,467,303	9,631,857,204
2	6,439,785,127	5,216,740,934	5,964,207,130	2,053,497,617	5,941,072,637
3	9,021,378,545	7,326,481,502	-1,742,968,052	3,869,504,276	-1,280,936,740
4	8,604,357,128	5,963,140,784	-3,158,604,293	7,319,824,053	-3,982,154,679
5	6,589,734,012	7,643,201,895	9,534,126,086	6,259,738,048	5,018,643,798
6	7,639,180,545	6,140,329,582	7,964,350,815	2,894,561,702	7,590,218,649
7	8,257,431,060	9,870,465,314	-3,201,645,792	7,246,501,386	1,980,426,737
8	6,529,130,843	1,654,923,783	-4,205,839,717	9,321,764,851	-3,647,059,812
9	2,051,486,738	4,598,102,739	2,819,367,546	5,839,406,176	-4,162,357,803
10	8,349,670,512	5,832,910,476	9,230,864,575	6,517,082,391	9,468,072,315
計					

No.	6	7	8	9	10
1	3,741,086,592	8,029,715,648	5,176,348,025	5,489,327,014	1,837,546,024
2	8,736,192,508	7,185,429,035	9,213,860,752	4,398,072,169	9,032,861,570
3	3,846,951,029	-4,682,731,058	5,089,614,738	7,149,365,805	8,207,365,414
4	1,872,630,945	-5,031,746,294	1,082,635,975	-8,514,029,361	6,034,257,985
5	8,520,496,731	8,730,416,529	3,920,178,562	-9,281,043,756	9,072,531,860
6	1,935,086,425	9,642,381,503	6,329,745,801	4,305,729,613	4,370,891,259
7	7,491,503,863	-5,690,271,848	3,246,189,057	6,287,543,907	3,287,061,490
8	4,976,210,854	-4,132,859,076	2,801,576,342	-9,018,327,545	1,659,024,838
9	5,806,249,318	1,357,290,848	3,724,981,054	-6,704,851,394	9,652,031,842
10	2,649,831,572	4,630,195,289	2,538,479,617	5,364,891,071	2,807,569,417
計					

評点	点

| | 第7回
珠算検定試験
練習問題 | | 1級
かけざんもんだい
（制限時間　10分） | | 1問5点（100点満点）
合格点80点 |

【注意】小数第3位未満四捨五入。

1	891,076	×	15,694	=	
2	7.14625	×	40,396	=	
3	924,351	×	69,072	=	
4	269,487	×	76,149	=	
5	24,125	×	58.7364	=	
6	8,191.25	×	0.09362	=	
7	6,171.375	×	7.216	=	
8	983,147	×	40,173	=	
9	0.790362	×	0.98675	=	
10	980,613	×	16,203	=	

【注意】整数位未満四捨五入。

11	¥	358,920	×	82,734	=	
12	¥	423,875	×	38.712	=	
13	¥	504,126	×	95,270	=	
14	¥	352,107	×	29,568	=	
15	¥	19,375	×	560.984	=	
16	¥	295,375	×	67.232	=	
17	¥	2,897,375	×	75.64	=	
18	¥	830,679	×	27,043	=	
19	¥	53,021	×	0.945282	=	
20	¥	134,809	×	53,207	=	

| 評点 | 点 |

第6回
第7回

1級
わりざんもんだい
（制限時間　10分）

1問5点（100点満点）

合格点80点

【注意】小数第3位未満四捨五入。

1	2,035,001,232 ÷ 32,784 =
2	4,122,394.776 ÷ 814,059 =
3	8,814,433,540 ÷ 94,270 =
4	1,487,229.228 ÷ 75.318 =
5	0.86445887 ÷ 0.01415 =
6	1,214,003,052 ÷ 16,902 =
7	22,160.95011 ÷ 32.409 =
8	65,797.1712 ÷ 92.16 =
9	824,335,446 ÷ 21,549 =
10	3,397,381,404 ÷ 52,908 =

【注意】整数位未満四捨五入。

11	¥ 5,275,248,277 ÷ 90,857 =
12	¥ 3,453,839,360 ÷ 81,520 =
13	¥ 979,811 ÷ 920.875 =
14	¥ 1,474,054,740 ÷ 21,906 =
15	¥ 3,820,103,625 ÷ 39,741 =
16	¥ 150,237,270 ÷ 4,386.4 =
17	¥ 6,186,284,556 ÷ 78,356 =
18	¥ 904,281,875 ÷ 1,487 =
19	¥ 719,927 ÷ 36.452 =
20	¥ 3,266,885,655 ÷ 41,859 =

| 評点 | 点 |

1級
みとりざんもんだい

（制限時間　10分）

1問10点（100点満点）

合格点80点

No.	1	2	3	4	5
1	6,702,4/8,537	3,596,028,/4/	9,265,0/3,875	2,075,349,/63	5,/28,064,934
2	7,84/,352,603	5,846,92/,034	6,823,507,/98	3,75/,829,645	6,304,9/7,827
3	5,472,960,387	7,283,964,/05	-3,/45,728,909	3,460,985,2/3	-4,025,739,/60
4	4,/93,267,059	9,42/,638,576	-2,/40,637,583	/,375,926,807	-2,389,4/0,574
5	6,304,752,892	7,463,/52,987	5,684,7/3,026	3,645,782,0/2	9,542,7/3,682
6	8,734,/56,92/	8,436,/29,756	9,703,462,8/2	/,689,352,475	8,947,532,0/9
7	3,74/,820,962	2,4/7,369,082	5,903,/46,28/	8,675,0/9,24/	-5,9/4,728,60/
8	6,07/,342,98/	6,/03,298,543	-5,/29,438,075	/,654,327,098	-3,689,705,/24
9	2,596,370,4/5	7,6/3,590,829	-3,82/,407,698	5,278,964,039	/,254,987,03/
10	9,703,856,424	5,634,/27,983	7,260,549,83/	4,785,920,6/5	8,045,923,769
計					

No.	6	7	8	9	10
1	7,9/4,253,084	2,680,37/,549	7,246,85/,096	6,294,7/3,05/	4,3/5,762,093
2	4,826,350,978	5,796,/42,30/	8,537,420,967	7,630,528,9/3	7,/25,903,84/
3	8,476,023,9/2	6,408,7/9,326	5,704,368,/29	-/,026,895,435	6,579,084,/29
4	6,957,/34,280	-7,96/,520,83/	9,735,280,4/2	-4,983,56/,207	7,598,430,2/7
5	8,/09,465,238	-5,978,602,/45	/,807,395,42/	7,926,8/0,354	6,287,90/,456
6	6,072,84/,353	/,624,839,759	3,/28,405,690	6,927,834,5/8	2,937,650,480
7	9,2/5,764,30/	6,425,0/9,735	5,80/,974,263	7,628,/34,059	8,593,207,/45
8	2,430,5/8,695	-8,240,/63,957	/,947,360,82/	-2,673,/80,945	4,783,65/,023
9	8,540,973,620	-5,4/9,632,708	/,480,362,572	-/,985,724,607	8,/42,760,594
10	5,289,/63,706	2,908,/45,734	7,653,8/4,905	4,397,6/0,528	5,/74,863,902
計					

評点	点

1級
かけざんもんだい
（制限時間　10分）

1問5点（100点満点）

合格点80点

【注意】小数第3位未満四捨五入。

1	174,235	×	89,753	=
2	14,625	×	17.1604	=
3	514,260	×	71,842	=
4	6.03125	×	50,364	=
5	0.289136	×	0.41753	=
6	628,517	×	17,498	=
7	2,636.25	×	0.05789	=
8	638,737.5	×	0.1468	=
9	513,829	×	87,124	=
10	739,415	×	30,815	=

【注意】整数位未満四捨五入。

11	¥	465,039	×	12,908	=
12	¥	265,743	×	57,460	=
13	¥	47,625	×	7,910.28	=
14	¥	108,734	×	91,205	=
15	¥	871,625	×	619.48	=
16	¥	634,870	×	29,351	=
17	¥	706,125	×	42.576	=
18	¥	978,162	×	65,304	=
19	¥	7,934,125	×	95.72	=
20	¥	53,861	×	0.382918	=

評点		点

1級
わりざんもんだい
（制限時間　10分）

1問5点（100点満点）

合格点80点

【注意】小数第3位未満四捨五入。

1	1,420,050,567 ÷ 46,527 =
2	57,219.6024 ÷ 1.2696 =
3	1,541,813,880 ÷ 65,028 =
4	5,167,927,584 ÷ 72,453 =
5	730,599.669 ÷ 392,163 =
6	348,557.6915 ÷ 4,169.5 =
7	7,302,436.416 ÷ 950.4 =
8	1,172,240,442 ÷ 41,362 =
9	1.13172134 ÷ 0.02704 =
10	2,488,504,266 ÷ 42,683 =

【注意】整数位未満四捨五入。

11	¥ 1,808,309,655 ÷ 98,251 =
12	¥ 4,386,923,116 ÷ 71,938 =
13	¥ 577,777 ÷ 96,8125 =
14	¥ 5,446,894,113 ÷ 56,403 =
15	¥ 22,824,560 ÷ 260.48 =
16	¥ 2,026,249,363 ÷ 80,461 =
17	¥ 4,207,499 ÷ 48,712 =
18	¥ 598,342,366 ÷ 15,326 =
19	¥ 17,325,495 ÷ 35.64 =
20	¥ 593,716,784 ÷ 9,614.8 =

評点	点

1級
みとりざんもんだい
（制限時間　10分）

1問10点（100点満点）

合格点80点

No.	1	2	3	4	5
1	8,39/,250,467	/,293,578,048	6,732,590,84/	/,573,064,924	8,3/4,592,672
2	3,647,209,/85	3,975,/62,085	9,/84,725,606	8,593,026,/40	5,038,649,2/4
3	2,83/,574,06/	3,972,560,/42	-/,376,240,893	/,347,809,562	-3,/74,682,959
4	6,8/3,509,275	2,9/3,784,060	-5,/67,320,989	2,749,308,6/4	-4,580,367,923
5	8,/35,029,643	8,205,/79,645	9,824,360,5/4	9,04/,856,326	9,24/,670,356
6	2,846,307,9/8	9,503,486,/29	5,69/,043,28/	8,/03,764,298	7,49/,083,627
7	9,502,746,389	8,546,372,0/5	-2,503,694,7/2	5,349,260,7/0	2,697,8/4,308
8	/,694,758,306	2,863,945,709	-4,853,297,/63	/,473,685,205	-/,864,275,095
9	7,38/,956,249	9,264,/08,532	6,720,839,5/9	5,/60,974,38/	-5,809,/72,638
10	6,05/,792,384	/,456,902,786	2,748,/60,93/	4,27/,589,064	9,07/,425,686
計					

No.	6	7	8	9	10
1	7,462,0/3,897	7,625,/04,986	/,293,458,679	3,504,796,8/2	7,3/6,495,825
2	5,039,724,6/3	8,9/5,760,425	9,052,473,682	/,796,520,48/	/,458,693,072
3	2,308,769,/59	-5,764,932,807	5,042,79/,36/	3,054,287,/95	4,578,6/0,390
4	/,695,387,423	-3,590,678,/25	7,236,0/4,596	-5,926,038,/43	7,93/,456,207
5	7,39/,546,285	7,68/,430,592	6,/25,079,342	-6,239,/57,489	2,/50,498,768
6	9,428,/36,07/	6,857,/39,425	5,962,084,3/3	5,047,896,2/7	9,0/4,782,634
7	7,3/8,906,240	3,964,578,207	7,5/3,296,849	2,/03,948,569	3,594,72/,087
8	5,86/,340,292	-5,63/,947,280	/,803,492,673	-3,264,578,/92	5,82/,034,973
9	6,80/,923,576	-/,203,658,74/	7,/89,425,360	-7,49/,520,387	/,978,364,520
10	8,967,302,5/0	8,704,329,650	4,037,8/9,252	4,/68,029,736	6,982,/74,032
計					

評点	点

［編著者紹介］

まなぶてらす

質の高いオンラインレッスンが24時間365日受講できる総合型オンライン家庭教師サービス。

地方の教育格差をなくし、すべての子どもたちに質の高い教育を提供することを目的とし2016年にオンラインレッスンをスタート。2021年９月現在、登録講師数250名。レッスン実績20万回。世界30カ国の生徒にレッスンを提供している。

学べる科目は人気のそろばんレッスンのほか、小中高の全科目のテスト対策・受験対策、プログラミング、英会話、理科実験、ピアノ、バイオリン、アートなど。講師はすべて各分野のプロが担当。

そろばんレッスンを受講した生徒の保護者からは、「子どものペースに合わせ、わからないところをすぐその場で教えてくださるので上達が早い」「５か月間で次男が９級から６級へ、長男が５級から３級へ進級できました」「オンラインでこんなによい先生に出会えたことは私たちの宝です」「毎回子どもがとてもレッスンを楽しみにしています」など好評を得ている。

●オンライン家庭教師まなぶてらす

https://www.manatera.com/

珠算能力検定・珠算検定試験問題集　1級・準1級・2級・3級

2021年11月10日　　　　初版第1刷発行

編著者―――まなぶてらす
　　　　　　© 2021 Manabuterasu
発行者―――張　士洛
発行所―――日本能率協会マネジメントセンター
　　　　　　〒103-6009 東京都中央区日本橋2-7-1　東京日本橋タワー
　　　　　　TEL 03（6362）4339（編集）／ 03（6362）4558（販売）
　　　　　　FAX 03（3272）8128（編集）／ 03（3272）8127（販売）
　　　　　　https://www.jmam.co.jp/

装　丁―――後藤　紀彦（sevengram）
本文イラスト―塩野　友子
本文DTP―――TYPEFACE
印刷所―――シナノ書籍印刷株式会社
製本所―――株式会社新寿堂

本書の内容に関するお問い合わせは、2ページにてご案内しております。

ISBN978-4-8207-2957-0 C6041
落丁・乱丁はおとりかえします。
PRINTED IN JAPAN

珠算能力検定・珠算検定試験問題集
1級・準1級・2級・3級

別冊「本書の答え」

序章02 かけ算の計算方法 練習問題1の「答え」　☞本書の18ページ

| ① | 1,941 | ② | 13,038 | ③ | 5,248 | ④ | 259,408 | ⑤ | 344,148 |

① 九九の答えを入れる場所に気をつけましょう。

② 8×1と8×9、2×1と2×9の答えを入れる場所に気をつけましょう。

③ 328×1の答えを入れる場所に気をつけましょう。

④ 5×9、2×4の答えを入れる場所に気をつけましょう。

⑤ 4×2の答えを入れる場所に気をつけましょう。

　②～⑤は、2点気をつけることがあります。

　　1)「が」がつく九九の答えを入れる場所に気をつけましょう。「が」がつく九九は答えがすべて1けたの
　　　ためそろばんに入れるときは、「2×2が04」として入れます。

　　2)　九九の答えの後ろに0がつくときは、次の答えを入れる場所に気をつけましょう。たとえば、②の8
　　　×159です。8×5＝40を入れたら0のところから8×9＝72を入れます。0を見落とすとその前から
　　　72を入れてしまうため、まちがった答えになります。

序章02 かけ算の計算方法 練習問題2の「答え」　☞本書の18ページ

| ① | 31,042 | ② | 27,336 | ③ | 6,603 | ④ | 248,168 | ⑤ | 169,513 |
| ⑥ | 356,345 | ⑦ | 3,842,630 | ⑧ | 5,075,505 | ⑨ | 935,150 | ⑩ | 4,135,516 |

① 3×3の答えを入れる場所に気をつけましょう。

② 2×6の答えを入れる場所に気をつけましょう。2の前に0の計算があるため、百の位から入れます。

③ すべての九九に「が」がつきます。答えを入れるときもすべて1つ右から入れます。

④ 5×4と5×6は答えの後ろに0がつきます。0のところから次の答えを入れます。

⑤ 1×947に「が」がつくため、答えを入れるときは1つ右から入れます。

⑥ 5の前に0の計算があるため、5×5の答えを入れるときは百の位から入れます。

⑦ 答えを書くときは一の位の0までしっかり書きましょう。最後の計算が5×2＝10のため、一の位は0の
　状態になり、答えを書くときに見落としてしまいがちです。

⑧ 5×4＝20、4×2＝8の答えを入れる場所に気をつけましょう。

⑨ 答えを書くときは一の位の0までしっかり書きましょう。

⑩ 8×5＝40（百万の位）→8×0＝0（万の位）→8×9＝72（万の位）、1×5＝5（万の位）→1×0＝0
　（千の位）→1×9＝9（百の位）、2×5＝10（万の位）→2×0＝0（百の位）→2×9＝18（百の位）と、
　0が連続し、さらに九九に「が」がつきます。答えを入れる場所に気をつけましょう。

序章03 わり算の計算方法 練習問題1の「答え」　☞本書の20ページ

| ① | 12 | ② | 64 | ③ | 76 | ④ | 89 | ⑤ | 51 |

① 7÷6の1を入れる場所と、「が」がつく九九の答えを引く場所に気をつけましょう。

② 24÷3のあと、もどし算をする場所は24を引き終わった場所です。

③ 引けるまでもどし算をくり返します。

④ 最初の計算は14÷1で9を入れます。

⑤ 6×5＝30で、答えの後ろに0がついています。0もしっかり引き算の計算に入れます。

序章03 わり算の計算方法 練習問題2の「答え」　☞本書の20ページ

①	63	②	46	③	87	④	54	⑤	689
⑥	89	⑦	839	⑧	837	⑨	7,356	⑩	639

① ひくコー18を32から引くとき、2回連続して10を引くことに注意しましょう。

② もどす数は8です。もどす場所にも気をつけましょう。

③ もどす数は5です。もどす場所にも気をつけましょう。

④ わる数が3けたです。最後までしっかり計算しましょう。

⑤ もどす数は7です。1でわるとき九九に「が」がつくため、答えを引く場所は1つです。

⑥ 14÷1で9を入れます。1÷1で1を入れてもどし算をすると答えがなくなり、計算できなくなります。

⑦ もどす数は7です。もどす場所にも気をつけましょう。

⑧ 九九に「が」がつく場合は、1つ右から答えを引き始めます。

⑨ 6×5＝30の0もしっかり引き算の計算に入れます。

⑩ もどす数は2です。もどす場所に気をつけましょう。

第1章02 小数計算の答えの書き方 練習問題の「答え」　☞本書の24ページ

①	6,943.501	②	3,249.685	③	816.324
④	5.736	⑤	0.439	⑥	0.058

　一の位を基準にして答えを書きます。コンマと小数点の向きに気をつけましょう。

第1章03 整数位未満四捨五入と小数第3位未満四捨五入 練習問題の「答え」　☞本書の27ページ

①	9,637	②	47,325	③	9,643
④	3,332.179	⑤	0.507	⑥	0.089

① 小数第1位の1を切り捨てます。
② 小数第1位の7を切り上げます。
③ 小数第1位の3を切り捨てます。
④ 小数第4位の3を切り捨てます。
⑤ 一の位が0で、小数第4位の4を切り捨てます。
⑥ 一の位と小数第1位が0で、小数第4位の5を切り上げます。

第1章04 小数のかけ算の計算方法 練習問題1の「答え」　☞本書の29ページ

①	205.2	②	11.04	③	109.2
④	1,861.5	⑤	454.79	⑥	1,399.56

① かけられる数の整数が2けた＋かける数の整数が1けたで、3けた目から計算を始めます。

② かけられる数の整数が1けた＋かける数の整数が1けたで、2けた目から計算を始めます。4×2は九九に「が」がつくので答えを入れる位置に気をつけましょう。

③ かけられる数の整数が1けた＋かける数の整数が2けたで、3けた目から計算を始めます。1×8と1×4は九九に「が」がつくので答えを入れる場所に気をつけましょう。

④ かけられる数の整数が1けた＋かける数の整数が3けたで、4けた目から計算を始めます。九九に「が」がつくときは答えを入れる場所に気をつけましょう。

⑤ かけられる数の整数が2けた＋かける数の整数が1けたで、3けた目から計算を始めます。九九に「が」がつくときは答えを入れる場所に気をつけましょう。

⑥ かけられる数の整数が2けた＋かける数の整数が2けたで、4けた目から計算を始めます。九九に「が」がつくときは答えを入れる場所に気をつけましょう。

第1章 04 小数のかけ算の計算方法 練習問題2の「答え」　☞本書の29ページ

①	296.219	②	240.587	③	225.935	④	734.822
⑤	2,174	⑥	19,072	⑦	494,627	⑧	2,203

① かけられる数の整数が2けた＋かける数の整数が1けたで、3けた目から計算を始めます。小数第4位の0を切り捨てます。

② かけられる数の整数が1けた＋かける数の整数が2けたで、3けた目から計算を始めます。小数第4位の8を切り上げます。

③ かけられる数の整数が2けた＋かける数の整数が1けたで、3けた目から計算を始めます。小数第4位の2を切り捨てます。

④ かけられる数の整数が1けた＋かける数の整数が2けたで、3けた目から計算を始めます。小数第4位の4を切り捨てます。

⑤ かけられる数の整数が2けた＋かける数の整数が2けたで、4けた目から計算を始めます。小数第1位の5を切り上げます。

⑥ かけられる数の整数が4けた＋かける数の整数が1けたで、5けた目から計算を始めます。小数第1位の6を切り上げます。

⑦ かけられる数の整数が2けた＋かける数の整数が4けたで、6けた目から計算を始めます。小数第1位の5を切り上げます。

⑧ かけられる数の整数が3けた＋かける数の整数が1けたで、4けた目から計算を始めます。小数第1位の8を切り上げます。

第1章 05「×0.○○」「×0.0○○」の計算方法 練習問題の「答え」　☞本書の31ページ

①	86.403	②	0.282	③	0.153	④	0.04	⑤	0.011
⑥	16,920	⑦	657	⑧	280	⑨	109	⑩	3,998

① かけられる数の整数が3けた＋かける数の整数が0けたで、3けた目から計算を始めます。小数第3位で終わっているため、答えはそのまま書きます。

② かけられる数の整数が0けた＋かける数の整数が0けたで、0けた目から計算を始めます。小数第4位の1を切り捨てます。

③ かけられる数の整数が0けた＋かける数の整数が0けたで、0けた目から計算を始めます。小数第4位の7を切り上げます。

④ かけられる数の整数が0けた＋かける数の整数がマイナス1けたで、マイナス1けた目から計算を始めます。小数第4位の5を切り上げ、9+1でくり上がり0.04となります。

⑤ かけられる数の整数がマイナス1けた＋かける数の整数が0けたで、マイナス1けた目から計算を始めます。小数第4位の1を切り捨てます。

⑥ かけられる数の整数が5けた＋かける数の整数が0けたで、5けた目から計算を始めます。答えが一の位で終わりますが、0のため書き忘れないように気をつけましょう。

⑦ かけられる数の整数が3けた＋かける数の整数が0けたで、3けた目から計算を始めます。小数第1位の9を切り上げます。

⑧ かけられる数の整数が3けた＋かける数の整数が0けたで、3けた目から計算を始めます。小数第1位の4を切り捨てます。

⑨ かけられる数の整数が4けた＋かける数の整数がマイナス1けたで、3けた目から計算を始めます。小数第1位の3を切り捨てます。

⑩ かけられる数の整数が5けた＋かける数の整数がマイナス1けたで、4けた目から計算を始めます。小数第1位の5を切り上げます。

第1章 06 小数のわり算の計算方法 練習問題の「答え」 ☞本書の33ページ

①	364	②	981	③	5.72	④	4.95	⑤	0.713
⑥	0.215	⑦	0.509	⑧	0.237	⑨	0.172	⑩	0.158

① わられる数の整数が4けた－わる数の整数が1けたで、3けた目の1つ右から計算を始めます。
② わられる数の整数が4けた－わる数の整数が1けたで、3けた目の1つ右から計算を始めます。
③ わられる数の整数が3けた－わる数の整数が2けたで、1けた目の1つ右から計算を始めます。
④ わられる数の整数が3けた－わる数の整数が2けたで、1けた目の1つ右から計算を始めます。
⑤ わられる数の整数が0けた－わる数の整数が0けたで、0けた目の1つ右から計算を始めます。
⑥ わられる数の整数が0けた－わる数の整数が0けたで、0けた目の1つ右から計算を始めます。
⑦ わられる数の整数が0けた－わる数の整数が1けたで、マイナス1けた目の1つ右から計算を始めます。
⑧ わられる数の整数が0けた－わる数の整数が1けたで、マイナス1けた目の1つ右から計算を始めます。
⑨ わられる数の整数がマイナス1けた－わる数の整数が0けたで、マイナス1けた目の1つ右から計算を始めます。
⑩ わられる数の整数がマイナス1けた－わる数の整数が0けたで、マイナス1けた目の1つ右から計算を始めます。

第1章 07「÷0.0〇〇」の計算方法 練習問題1の「答え」 ☞本書の35ページ

①	260	②	5.67	③	42.3	④	6,450	⑤	719
⑥	4,125	⑦	812	⑧	0.87	⑨	0.529	⑩	0.94

① わられる数の整数が3けた－わる数の整数が1けたで、2けた目の1つ右から計算を始めます。
② わられる数の整数が2けた－わる数の整数が2けたで、0けた目の1つ右から計算を始めます。
③ わられる数の整数が4けた－わる数の整数が2けたで、2けた目の1つ右から計算を始めます。
④ わられる数の整数が6けた－わる数の整数が2けたで、4けた目の1つ右から計算を始めます。
⑤ わられる数の整数が3けた－わる数の整数が0けたで、3けた目の1つ右から計算を始めます。
⑥ わられる数の整数が3けた－わる数の整数が0けたで、3けた目の1つ右から計算を始めます。
⑦ わられる数の整数が3けた－わる数の整数が0けたで、3けた目の1つ右から計算を始めます。
⑧ わられる数の整数が0けた－わる数の整数が0けたで、0けた目の1つ右から計算を始めます。

⑨ 定位点どおりにわられる数を置いて計算を始めます。
⑩ 定位点どおりにわられる数を置いて計算を始めます。

第1章 07「÷ 0.0 ○○」の計算方法 練習問題 2 の「答え」　☞本書の 36 ページ

①	1.479	②	750.696	③	386.441	④	208.833	⑤	0.518
⑥	31	⑦	59	⑧	381	⑨	865	⑩	519

① わられる数の整数が3けた－わる数の整数が3けたで、0けた目の1つ右から計算を始めます。小数第4位の5を切り上げます。
② わられる数の整数が5けた－わる数の整数が2けたで、3けた目の1つ右から計算を始めます。小数第4位の3を切り捨てます。
③ わられる数の整数が4けた－わる数の整数が1けたで、3けた目の1つ右から計算を始めます。小数第4位の6を切り上げます。
④ わられる数の整数が2けた－わる数の整数が0けたで、2けた目の1つ右から計算を始めます。小数第4位の3を切り捨てます。
⑤ 定位点どおりにわられる数を置いて計算を始めます。小数第4位の5を切り上げます。
⑥ わられる数の整数が3けた－わる数の整数が1けたで、2けた目の1つ右から計算を始めます。小数第1位の2を切り捨てます。
⑦ わられる数の整数が4けた－わる数の整数が2けたで、2けた目の1つ右から計算を始めます。
⑧ わられる数の整数が3けた－わる数の整数が0けたで、3けた目の1つ右から計算を始めます。小数第1位の4を切り捨てます。
⑨ わられる数の整数が3けた－わる数の整数が0けたで、3けた目の1つ右から計算を始めます。小数第1位の5を切り上げます。
⑩ 定位点どおりにわられる数を置いて計算を始めます。小数第1位の5を切り上げます。

第1章 珠算検定3級：上達のコツと計算方法 まとめ問題 1 の「答え」　☞本書の 37 ページ

①	2,186,550	②	2,356.5	③	4,165	④	0.295	⑤	3.806
⑥	3,087	⑦	189	⑧	24,869	⑨	504	⑩	85

① かけられる数の整数が4けた＋かける数の整数が3けたで、7けた目から計算を始めます。
② かけられる数の整数が3けた＋かける数の整数が1けたで、4けた目から計算を始めます。
③ かけられる数の整数が5けた＋かける数の整数が0けたで、5けた目から計算を始めます。
④ かけられる数の整数が0けた＋かける数の整数が0けたで、0けた目から計算を始めます。小数第4位の5を切り上げます。
⑤ かけられる数の整数が2けた＋かける数の整数がマイナス1けたで、1けた目から計算を始めます。小数第4位の2を切り捨てます。
⑥ かけられる数の整数が1けた＋かける数の整数が3けたで、4けた目から計算を始めます。
⑦ かけられる数の整数が3けた＋かける数の整数が0けたで、3けた目から計算を始めます。
⑧ かけられる数の整数が5けた＋かける数の整数が0けたで、5けた目から計算を始めます。小数第1位の3を切り捨てます。
⑨ かけられる数の整数が0けた＋かける数の整数が3けたで、3けた目から計算を始めます。小数第1位の6を切り上げます。

⑩ かけられる数の整数が4けた＋かける数の整数がマイナス1けたで、3けた目から計算を始めます。

第1章 珠算検定3級：上達のコツと計算方法 まとめ問題2の「答え」 ☞本書の37ページ

①	7/4	②	5.9	③	8/2	④	0.6.5.3	⑤	0.464
⑥	625	⑦	151	⑧	2,375	⑨	375	⑩	4,400

① 整数同士のところのわり算は、珠算検定4級までで習ったとおりの計算方法を使います。
② わられる数の整数が3けた－わる数の整数が2けたで、1けた目の1つ右から計算を始めます。
③ わられる数の整数が3けた－わる数の整数が0けたで、3けた目の1つ右から計算を始めます。
④ 定位点どおりにわられる数を置いて計算を始めます。小数第4位の2を切り捨てます。
⑤ 定位点どおりにわられる数を置いて計算を始めます。小数第4位の6を切り上げます。
⑥ わられる数の整数が4けた－わる数の整数が1けたで、3けた目の1つ右から計算を始めます。
⑦ わられる数の整数が5けた－わる数の整数が2けたで、3けた目の1つ右から計算を始めます。小数第1位の6を切り上げます。
⑧ わられる数の整数が4けた－わる数の整数が0けたで、4けた目の1つ右から計算を始めます。
⑨ わられる数の整数が3けた－わる数の整数が0けたで、3けた目の1つ右から計算を始めます。
⑩ 定位点どおりにわられる数を置いて計算を始めます。

珠算検定3級練習問題（かけざん、わりざん、みとりざん） 第1回～第3回の「答え」 ☞本書の40～48ページ

No.	第1回 かけざん	わりざん	みとりざん	No.	第2回 かけざん	わりざん	みとりざん	No.	第3回 かけざん	わりざん	みとりざん
1	1,296,164	726	6,579,572	1	747.2/2	279	5,173,922	1	6,668,066	657	4,778,023
2	0.601	53/	4,650,002	2	1,178	6.852	7,329,206	2	5.43/5	0.827	4,409,810
3	1,638,924	40.56	2,902,150	3	2,835.1/8	840	3,426,184	3	2,893,429	5/3	3,068,657
4	1,270.5	39/	6,059,574	4	668.135	9/5	4,190,778	4	1,417,392	97.82	5,737,026
5	1,217,018	95.7	2,107,484	5	6,503	0.672	2,683,805	5	32,280	6/5	2,683,288
6	0.228	6/3	5,208,407	6	5,344	984	4,214,235	6	0.158	4.72	4,941,877
7	2,849,2/1	205	3,220,104	7	899.5	4.98	2,379,234	7	6,583.5	648	2,806,373
8	577.5	6/7	4,986,5/2	8	1,286,408	5.7	5,465,859	8	1,303,284	87/	6,036,249
9	3,373,238	0.46	2,683,220	9	0.425	793	2,705,280	9	0.06	9/7	2,587,999
10	1,340	0.7/6	6,166,5/0	10	1,477,545	497	6,155,832	10	2,644,4/8	0.53	5,420,082
11	1,647,924	372		11	6,559,578	570		11	1,800,8/0	149	
12	25,475	8,250		12	232	3,875		12	250,100	3,625	
13	5,080,174	165		13	2.6/1,763	580		13	1,240,5/8	596	
14	20,375	750		14	86.4/5	375		14	632,472	250	
15	227	376		15	72/,924	75/		15	16,380	875	
16	355,5/0	923		16	22,295	625		16	663	450	
17	20,055	875		17	1,302,40/	250		17	10,745	875	
18	4,455	42		18	6/3,200	65		18	2,3/1,452	74	
19	3,9/7,202	573		19	1,753,856	48/		19	3/9	345	
20	1,55/,827	640		20	6,435	748		20	2,0/1,085	76/	

珠算検定3級練習問題（かけざん、わりざん、みとりざん）　第4回〜第9回の「答え」　☞本書の49〜66ページ

No.	第4回 かけざん	わりざん	みとりざん	No.	第5回 かけざん	わりざん	みとりざん	No.	第6回 かけざん	わりざん	みとりざん
1	3,395,456	725	5,137,333	1	2,567,632	201	6,003,388	1	1,556,931	156	4,992,825
2	2,132,316	1,758	3,903,529	2	3,365,048	537	4,674,771	2	1,440.5	672	5,825,104
3	25,515	945	2,086,567	3	2,352.5	23.19	2,588,982	3	1,041,272	91.68	2,275,980
4	6,173,607	753	7,052,398	4	2,564,435	723	5,338,516	4	3,611,183	709	4,759,415
5	3,851	0.316	2,933,944	5	2,174	6.27	3,015,502	5	5,452.5	16.4	3,344,220
6	0.176	820	5,917,354	6	0.135	438	3,667,286	6	1,744	0.628	5,226,068
7	2,656,224	10.9	2,877,928	7	640,792	906	3,018,768	7	1,656	824	3,190,604
8	8,556	0.45	3,942,937	8	353.4	268	5,334,473	8	7,798,362	3.7	5,392,849
9	1,029	702	2,138,293	9	7,276.5	5.7	3,337,590	9	0.124	684	2,749,554
10	6,155,558	527	6,670,457	10	3,201,624	0.289	6,153,048	10	3,867,567	325	5,455,231
11	4,545,996	958		11	3,252,338	738		11	749,812	641	
12	262	7,250		12	5,850	875		12	1,728,616	751	
13	3,533,455	2,18		13	3,278,982	306		13	10,175	967	
14	438,900	375		14	5,915,271	6,875		14	3,512,451	4,375	
15	2,823,831	250		15	6,825	364		15	1,275	732	
16	23,370	368		16	35,510	875		16	1,135,296	375	
17	4,236,804	750		17	29,250	507		17	979	674	
18	17,745	67		18	2,062,956	875		18	2,477,008	750	
19	4,931,744	816		19	261	608		19	20,720	851	
20	7,735	794		20	6,304,702	82		20	335	53	

No.	第7回 かけざん	わりざん	みとりざん	No.	第8回 かけざん	わりざん	みとりざん	No.	第9回 かけざん	わりざん	みとりざん
1	5,854,695	843	5,668,891	1	923,436	851	4,152,670	1	507,546	216	6,997,627
2	7,890	295	5,790,483	2	1,957,740	380	3,742,840	2	3,205,254	0.504	6,637,829
3	4,301,581	62.84	2,357,776	3	62,790	14.79	2,999,291	3	5,554.5	712	2,821,124
4	6,487.5	475	5,454,319	4	3,473,184	7.13	5,594,896	4	3,641,638	29.34	6,029,600
5	0.407	62.8	2,663,183	5	3.881	83.9	2,397,043	5	3.99	749	2,446,677
6	7,379,775	0.48	7,456,584	6	1,808,532	0.199	4,712,691	6	0.41	50.3	5,407,959
7	6,786	941	1,366,164	7	1,226.5	650	1,931,485	7	1,131,656	215	2,996,381
8	149.8	0.59	4,929,303	8	3,868,623	4.2	6,419,468	8	3,828	146	4,398,326
9	2,634,732	374	2,019,652	9	3,321.5	928	2,950,379	9	7,031	493	2,705,012
10	2,914,361	615	5,711,199	10	0.097	386	6,769,447	10	2,418,486	9.1	6,268,227
11	2,984,506	763		11	2,258,888	798		11	6,326,100	140	
12	187	8,625		12	6,011,904	625		12	1,331	852	
13	1,677,256	236		13	5,760	378		13	4,545,146	3,625	
14	22,715	875		14	2,006,753	291		14	1,154,034	628	
15	753,491	750		15	372,600	6,875		15	27,690	375	
16	24,495	519		16	75	750		16	6,384	483	
17	3,650,832	875		17	2,600,985	48		17	10,020	375	
18	15,015	21		18	46,640	793		18	5,656,208	824	
19	6,343,493	150		19	7,050	375		19	472	21	
20	10,530	812		20	834,156	268		20	3,591,552	626	

第2章02 みとり算マイナスの計算方法（1）練習問題の「答え」　☞本書の70ページ

①	−124	②	−1,001	③	−1,213	④	955	⑤	1,400

① −906で千借りています。
② −9,748で1万借りています。
③ 2回のひき算で2万借りています。
④ 最後の1,450を足し終わると借りた1万が返ります。
⑤ 最後の6,589を足し終わると借りた1万が返ります。

第2章03 みとり算マイナスの計算方法（2）練習問題1の「答え」　☞本書の71ページ

①	−103,399,814	②	−96,550,699	③	−70,158,909

① 2億借りています。2億を返すには、答えの最初に1をつけます。
② 2億借りていますが、最後の18,037,824を足し終わると借りた1億が返ります。
③ 2億借りていますが、最後の37,851,204を足し終わると借りた1億が返ります。

第2章03 みとり算マイナスの計算方法（2）練習問題2の「答え」　☞本書の72ページ

①	−41,618,374	②	−6,473,483	③	7,365,412
④	−33,808,524	⑤	−22,910,843	⑥	−126,762,239

① 1億借りています。たりないぶんにマイナスをつけます。
② 2億借りていますが、最後の56,194,027を足し終わると1億が返ります。
③ 計算途中の97,240,853と62,437,095の足し算で借りたぶんがすべて返っています。
④ 2億借りていますが、43,591,827の足し算で1億が返ります。
⑤ 2億借りていますが、72,390,586の足し算で1億が返ります。
⑥ 2億借りたまま計算が終わっています。

珠算検定2級練習問題（かけざん、わりざん、みとりざん）　第1回〜第4回の「答え」　本書の75〜86ページ

No.	第1回 かけざん	わりざん	みとりざん	No.	第2回 かけざん	わりざん	みとりざん
1	227,559,189	9,342	634,597,625	1	122,817,303	4,985	550,353,544
2	68,244	5,843	559,739,351	2	80,311	7,103	469,865,209
3	693,954,450	4,186	334,728,000	3	407,011,150	0.126	293,121,076
4	1,868,21	2,614	443,777,833	4	815,795	7,495	443,083,352
5	0.395	4.38	298,988,230	5	0.561	27.36	188,132,064
6	145,173,414	7,356	509,180,873	6	242,056,948	5,930	499,839,942
7	2,461	618.39	284,172,757	7	17,182	1,934	-113,525,211
8	2,243.78	8,673	538,513,652	8	2,040,215	8,947	695,818,392
9	682,302,588	9,742	-121,774,485	9	793,122,624	347.02	387,773,240
10	641,928,430	5,219	543,339,518	10	434,572,620	5,192	677,426,549
11	344,817,396	1,634		11	40,756,727	9,102	
12	2,534	2,651		12	211,202,008	4,039	
13	295,137,062	156		13	21,918	296	
14	2,001,825	5,248		14	232,235,692	8,547	
15	356,242,103	6,750		15	3,852,225	9,250	
16	64,713	9,125		16	410,756,960	2,348	
17	118,174,314	7,581		17	109,461	8,250	
18	3,274,425	24,750		18	79,482,806	3,958	
19	102,964,169	8,375		19	1,182,435	83,625	
20	7,058,005	6,943		20	3,024	2,750	

No.	第3回 かけざん	わりざん	みとりざん	No.	第4回 かけざん	わりざん	みとりざん
1	287,082,096	1,785	475,133,003	1	638,887,648	4,756	622,193,982
2	0.485	5,816	523,622,940	2	0.454	9,653	548,224,674
3	422,809,338	7,605	357,914,268	3	125,011,852	0.827	207,130,781
4	2,302,765	1,846	561,207,975	4	7,790,475	4,859	579,352,991
5	278,181,200	8.43	195,545,087	5	86,941,009	7,193	276,391,668
6	52,517	7,026	586,342,168	6	4,433	6,802	540,680,053
7	297,214,760	156.42	364,872,492	7	124,138,338	4,279	-172,388,073
8	2,173.79	8,709	474,508,474	8	7,097.87	640.75	455,846,761
9	80,498,301	5,286	-40,301,140	9	111,765,115	1,643	218,761,344
10	7,381	3,649	577,593,118	10	5,354.23	5,281	452,591,365
11	443,670,261	1,937		11	189,121,416	3,917	
12	530,641,818	6,875		12	185,376	2,316	
13	6,066,715	3,294		13	106,436,384	912	
14	684,062,280	892		14	45,888	5,260	
15	7,061,115	4,681		15	227	6,875	
16	184,960,646	6,250		16	234,215,610	9,250	
17	717,189	7,695		17	658,865	5,491	
18	112,869,666	6,250		18	23,998	86,750	
19	25,012	7,053		19	306,188,211	7,625	
20	911	31,750		20	337,712,280	2,986	

珠算検定2級練習問題（かけざん、わりざん、みとりざん）　第5回〜第8回の「答え」　☞本書の87〜98ページ

	第5回				第6回		
No.	かけざん	わりざん	みとりざん	No.	かけざん	わりざん	みとりざん
1	94,349,541	8.205	569,072,269	1	655,147,578	6,249	469,305,755
2	682,142,052	9,151	594,528,162	2	5,638.7	8,235	647,167,819
3	417,818	0.698	306,172,713	3	429,106,380	0.978	315,968,076
4	564,714,023	8,514	487,247,461	4	379,641,087	6,804	576,654,281
5	54,949	9,156	312,110,541	5	6,796.515	49.73	305,266,802
6	0.095	7,253	601,181,749	6	16.57	8,675	612,815,432
7	197,023,968	9,382	335,126,406	7	3,553,345	7,896	-163,977,481
8	3,305,785	7,539	571,703,216	8	494,035,299	9,642	557,654,781
9	1,223.68	9,1203	-104,847,265	9	0.831	62,107	349,935,789
10	227,860,304	6.79	543,831,210	10	377,529,192	2,053	524,342,285
11	136,228,785	3,194		11	618,950,896	5,230	
12	32,994	9,125		12	2,575	4,725	
13	237,237,667	7,481		13	209,304,180	356	
14	233,536,768	9,860		14	115,329	2,937	
15	145,151	356		15	451,217,368	8,625	
16	328,444	8,625		16	3,141,365	6,250	
17	605,169	62,750		17	462,536,000	9,712	
18	739,11,852	9,526		18	3,346,395	16,250	
19	3,135	8,250		19	386,709,600	6,375	
20	255,228,534	9,768		20	4,018,905	1,403	

	第7回				第8回		
No.	かけざん	わりざん	みとりざん	No.	かけざん	わりざん	みとりざん
1	153,864,274	6,524	450,724,545	1	395,458,245	5,397	451,918,775
2	1,383.375	5,469	506,439,337	2	52,016,120	3,479	487,395,940
3	116,955,616	7,520	280,034,289	3	131,222	5,127	372,185,320
4	451,412,433	1,054	612,521,739	4	325,657,710	9.76	470,265,648
5	93.544	3.89	283,909,648	5	27,911	1,307	265,394,861
6	0.802	8,461	679,579,902	6	58,789,152	46,81	518,271,376
7	2,075.965	740.36	227,680,439	7	2,051.46	5,819	-91,400,440
8	94,547,937	5,328	618,167,912	8	227,385,409	9,302	467,546,727
9	0.227	8,042	-57,752,230	9	7,512.05	6,175	260,697,713
10	119,015,456	7,581	535,408,159	10	0.515	51,782	627,181,684
11	825,126,588	3,789		11	137,434,313	1,936	
12	2,083	9,125		12	39,576,756	4,125	
13	420,183,424	1,746		13	121,753	1,893	
14	1,206.335	364		14	130,799,799	356	
15	89,126,526	8,302		15	884,115	1,270	
16	3,126,235	9,625		16	6,368	6,375	
17	129,780,290	2,016		17	145,158,750	3,629	
18	259,077	8,750		18	108,239	6,125	
19	22,617,910	5,208		19	410,515	1,320	
20	6,016,395	49,375		20	598,049,341	74,625	

第3章 03 かけ算とわり算の速算方法 練習問題1の「答え」 ☞本書の104ページ

①	0.18	②	0.281	③	0.295	④	0.249	⑤	0.504
⑥	27,332	⑦	7,915	⑧	6,247	⑨	14,374	⑩	23,701

① 4×50943の4×5＝20を入れたところで小数第4位に5が決まります。5を切り上げ、9+1で0.18となります。

② 4×75192の計算が終わったところで小数第4位に2が決まります。2を切り捨てます。

③ 7×62935の7×6＝42を入れたところで小数第4位に9が決まります。9を切り上げます。

④ 6×81532の6×8＝48を入れたところで小数第4位に1が決まります。1を切り捨てます。

⑤ 2×73965の2×7＝14を入れたところで小数第4位に8が決まります。8を切り上げます。

⑥ 2×62,715の2×2＝4を入れたところで小数第1位に4が決まります。4を切り捨てます。

⑦ 3×13,582の3×1＝3を入れたところで小数第1位に6が決まります。6を切り上げます。

⑧ 6×31,495の6×1＝6を入れたところで小数第1位に3が決まります。3を切り捨てます。

⑨ 1×50,326の1×5＝5を入れたところで小数第1位に6が決まります。6を切り上げます。

⑩ 5×49,713の5×9＝45を入れたところで小数第1位に6が決まります。6を切り上げます。

第3章 03 かけ算とわり算の速算方法 練習問題2の「答え」 ☞本書の104ページ

①	3,759	②	83.671	③	40.852	④	4.694	⑤	453.72
⑥	2,851	⑦	6,052	⑧	35,178	⑨	64,185	⑩	93,825

① 一の位に9が入ることがわかったら、計算をやめて答えを書きます。

② 一の位に答えを入れる直前でそろばん上に残っているわられる数は、わる数と同じ5,924です。一の位に入れずに答えを書きます。

③ 一の位に2が入ることがわかったら、計算をやめて答えを書きます。

④ 小数第4位に1が入ることがわかったら、計算をやめて答えを書きます。

⑤ 小数第2位に2が入りわりきれます。

⑥ 一の位に答えを入れる直前でそろばん上に残っているわられる数は、わる数と同じ7,296です。一の位に入れずに答えを書きます。

⑦ 一の位に2が入ることがわかったら、計算をやめて答えを書きます。

⑧ 一の位に8が入ることがわかったら、計算をやめて答えを書きます。

⑨ 一の位に5が入ることがわかったら、計算をやめて答えを書きます。

⑩ 一の位に5が入ることがわかったら、計算をやめて答えを書きます。

第3章 04 みとり算の正答率を上げる分割法 練習問題の「答え」 ☞本書の106ページ

①	31,070,136,647	②	12,151,850,093	③	−1,412,394,653

①② 1回目と2回目の計算が終わり、そろばんを上に持っていくとき、答えがくずれないように注意しましょう。

③ 1回目と2回目の計算が終わり、そろばんを上に持っていくとき、答えがくずれないように注意しましょう。また、−9,475の計算で1億借りています。答えを書くとき、マイナスになることを忘れないようにしましょう。

珠算検定準1級練習問題（かけざん、わりざん、みとりざん）　第1回～第4回の「答え」　☞本書の108～119ページ

No.	第1回 かけざん	わりざん	みとりざん	No.	第2回 かけざん	わりざん	みとりざん
1	6,052,745,404	23,148	5,403,689,903	1	823,872,946	72,548	5,247,708,132
2	0.005	63,937	3,509,116,459	2	6,670,580.34	72,693	5,564,473,594
3	1,140,539,808	70,395	2,559,749,871	3	0.018	20,316	863,931,039
4	37,705,703.04	39.12	5,585,654,852	4	6,042,864	71.46	4,671,506,193
5	6,976,993,952	315,847	2,000,325,052	5	4,692,542,556	734,082	1,415,631,024
6	568,715,680	40,296	7,492,996,136	6	1,205,859	27,851	5,930,789,377
7	0.544	27,811	941,904,067	7	1,802,372,040	14,379	-568,313,568
8	1,428,635	90,357	6,235,300,368	8	1,109,739,304	49,162	5,425,185,552
9	337,294,012	378.56	-613,116,719	9	735,199	431.98	2,069,473,734
10	87,736,052	15,907	6,469,079,465	10	131,314,726.9	23,459	5,958,524,286
11	782,226,390	81,465		11	5,104,089,441	94,576	
12	26,183	76,240		12	62,037	98,640	
13	1,246,210,940	36,428		13	5,393,989,914	71,296	
14	2,145,738,614	36,018		14	1,385,045,280	36,058	
15	557,132,100	52,768		15	704,543,300	18,504	
16	2,126,643,948	621,745		16	1,959,408,084	470,836	
17	1,708,813	15,394		17	261,092,800	95,172	
18	3,547,908,888	83,730		18	2,363,358,510	51,682	
19	2,799,407	91,658		19	107,914,000	28,764	
20	3,416	93,608		20	2,613	69,072	

No.	第3回 かけざん	わりざん	みとりざん	No.	第4回 かけざん	わりざん	みとりざん
1	3,028,930,068	14,803	4,618,803,525	1	457,796,012	82,196	5,907,647,441
2	0.002	79,138	5,625,076,337	2	24,720.67	92,063	7,400,679,066
3	6,131,048,854	60,243	1,587,393,367	3	1,325.19	68,541	2,444,531,393
4	7,664.22	70,456	5,053,589,217	4	6,473,714,637	36,108	6,415,542,306
5	2,673,545,622	278.39	1,008,310,828	5	140,311,587.2	928,563	1,289,345,831
6	0.883	78,394	5,960,435,731	6	7,682,978,610	82,471	5,739,667,479
7	2,635,285,088	35,295	2,241,516,932	7	1,486,070,208	97,036	-592,354,848
8	296.67	41,856	5,182,823,268	8	0.004	50,943	5,034,649,549
9	43,079,606	6,530.9	-679,021,925	9	3,652,026,000	61,852	1,075,184,431
10	4,434,620,696	51,403	6,246,120,039	10	252.35	86,254	5,162,158,771
11	2,540,566,600	12,348		11	3,671,765,838	82,017	
12	41,303	89,520		12	25,556	92,480	
13	4,753,982,672	79,026		13	964,505,164	17,403	
14	5,690,555,325	82,057		14	2,616,918,840	14,985	
15	616,434	75,408		15	4,823,420	63,952	
16	4,499,273,352	712,963		16	967,260,929	168,304	
17	200,709	39,821		17	22,930,770	61,095	
18	2,308,584,294	97,183		18	2,812,727,961	36,175	
19	325,590,300	48,513		19	899,760	16,045	
20	1,896	23,856		20	840	19,208	

13

珠算検定準1級練習問題（かけざん、わりざん、みとりざん） 第5回～第8回の「答え」 ☞本書の120～131ページ

No.	第5回 かけざん	わりざん	みとりざん	No.	第6回 かけざん	わりざん	みとりざん
1	1,946,170,447	72,531	5,568,346,853	1	1,980,841,224	72,019	4,405,756,639
2	1,716,151	86,019	5,140,824,318	2	0.03	79.034	5,465,020,636
3	929,203,245	93,465	2,728,996,072	3	910,212,855	17,269	1,011,609,795
4	5,518,767	19,327	4,861,186,283	4	216,609,616	37.803	5,411,694,795
5	4,723,237,624	398,257	2,219,175,631	5	5,691,305,068	478,213	1,630,178,759
6	5,479,476,228	98,024	4,068,925,029	6	523,776,848	31,984	5,207,033,339
7	0.005	12.85	1,719,658,594	7	0.798	46.28	-289,743,617
8	6,345,917,650	94,278	5,335,772,886	8	56,477.85	57,938	5,508,815,065
9	897,786,756	47,698	-228,160,997	9	2,426,258,912	481.96	2,139,533,974
10	44,457,826	29,481	7,288,055,876	10	42,000.8	58,934	5,799,359,203
11	1,005,164,562	60,732		11	4,672,578,041	92,053	
12	26,167	40,698		12	66.045	27,013	
13	4,148,084,014	43,520		13	2,264,063,472	27,680	
14	6,378,521,450	41,723		14	4,103,010,794	81,405	
15	469,420	37,896		15	105,123,000	18,024	
16	938,418,054	659,438		16	4,178,310,885	536,791	
17	4,261,174	21,345		17	96,974,140	34,912	
18	3,848,198,494	96,209		18	1,607,571,128	15,873	
19	2,838,825	40,817		19	355,191,900	86,325	
20	4,502	36,704		20	3,817	92,136	

No.	第7回 かけざん	わりざん	みとりざん	No.	第8回 かけざん	わりざん	みとりざん
1	4,586,833,762	63,489	6,099,387,667	1	1,299,757,992	73,146	4,685,071,937
2	0.032	59,248	5,344,693,426	2	35,012.86	53,082	6,875,560,136
3	1,074,507,616	40,397	1,024,295,583	3	2,390,642,709	86,341	1,132,796,961
4	233,274,567.6	60,214	4,834,775,421	4	3,914.88	63,713	5,241,127,548
5	3,820,417,551	259,104	1,856,170,417	5	6,995,979,112	504,728	1,883,592,923
6	713,268,919	27,051	4,936,791,483	6	7,870,454,410	92,586	5,038,332,564
7	0.486	84,393	2,064,461,441	7	0.027	60,353	-639,759,481
8	60,158.28	65,892	7,737,582,215	8	1,261,677,168	35,602	5,120,402,609
9	7,978,907,490	7.8162	-517,833,521	9	1,136,893,815	3,085.4	2,312,069,560
10	18,908,578	69,857	6,899,404,818	10	6,571,327	91,682	4,255,177,303
11	7,448,362,368	71,596		11	7,676,503,346	64,192	
12	24,324	41,520		12	14,424	49,280	
13	1,410,136,965	93,420		13	2,100,460,824	31,894	
14	6,800,652,069	46,023		14	1,108,211,310	25,977	
15	7,587,840	57,928		15	899,641,700	39,168	
16	2,837,145,918	279,564		16	4,629,041,658	540,673	
17	5,838,321	23,568		17	59,637,450	86,702	
18	2,556,943,914	45,153		18	521,847,141	63,396	
19	1,186,983	64,208		19	1,923,414	28,657	
20	2,110	45,672		20	2,162	10,824	

珠算検定1級練習問題（かけざん、わりざん、みとりざん）　第1回～第4回の「答え」　☞本書の133～144ページ

No.	第1回 かけざん	わりざん	みとりざん	No.	第2回 かけざん	わりざん	みとりざん
1	27,842,868,999	38,756	55,564,503.621	1	14,097,057,705	72,316	55,787,550,886
2	11,435,629,590	61,905	60,171,033.771	2	3,661,228.25	34,981	56,061,070.511
3	632,238.65	47,108	23,974,266.168	3	22,789,526,678	26,350	26,372,273.143
4	50,520,705,264	5,739	38,866,222.519	4	58,939.127	6,571	65,169,465.130
5	769,555	34,792	30,141,119,794	5	0.152	57,128	30,642,682,795
6	0.305	50,791	53,532,479,334	6	15,894,561,802	490.36	43,193,807,238
7	3,540,965,724	10,627	-17,878,436.421	7	142,822	58,791	26,995,591.251
8	249,358,375	58,679	60,955,390,435	8	37,017,054	31,865	61,354,569,002
9	317,121,135	95,604	19,325,284,978	9	16,219,696,962	49,610	-10,325,734.741
10	20,684,101,977	503,862	49,568,099,368	10	28,071,341,648	3,812.64	44,896,809,885
11	43,222,258.413	63,401		11	29,321,242,594	42,915	
12	38,977,224	94,126		12	17,119,168,014	16,250	
13	18,841,691,542	67,132		13	8,305,185	20,315	
14	17,813,602,418	1,924		14	15,126,675,388	6,548	
15	26,446,345	87,295		15	144,375,555	24,651	
16	130,099,845	46,750		16	28,063,583,937	36,125	
17	42,473,718	16,075		17	17,566,956	73,240	
18	9,879,338,520	46,750		18	25,859,344,800	61,375	
19	41,749	71,598		19	361,968,365	84,793	
20	30,219,207,448	894,625		20	59,936	938,750	

No.	第3回 かけざん	わりざん	みとりざん	No.	第4回 かけざん	わりざん	みとりざん
1	21,030,212,076	81,743	63,950,391.619	1	22,189,246,146	37,521	57,180,942,648
2	56,786,276,622	16,485	50,777,216.316	2	14,995,572,256	10.73	61,782,638,884
3	65,971,134	54,816	20,203,024,648	3	13,704,777	90,275	29,890,646,249
4	21,361,413,017	16.95	65,980,769,299	4	8,928,790,134	79,652	70,337,518.026
5	6,232	81,042	27,803,877,762	5	372,031	84,366	33,709,440,059
6	0.393	24,869	39,063,019,474	6	0.418	76,413	49,597,103.097
7	80,316,777,530	59,083	-4,755,170.682	7	60,008,693,040	51,789	22,593,187,898
8	280,217,875	63,708	59,961,308.025	8	740,514,825	136,752	50,482,917.438
9	1,970,661.75	26,049	23,055,230,105	9	212,714,925	47,923	-876,653,962
10	12,660,126,542	5,738.67	55,925,778,007	10	26,808,597,592	13,690	39,083,132,764
11	30,581,130,663	75,342		11	29,608,303,817	59,142	
12	54,713	19,734		12	66,374	2,980	
13	31,123,482,930	4,592		13	13,319,100,188	52,064	
14	4,101,196	93,851		14	6,178,513	92,375	
15	12,946,515,277	89,750		15	71,899,697,232	18,251	
16	54,017,784	37,125		16	41,542,839	34,697	
17	8,861,898,528	70,934		17	17,593,412,625	49,625	
18	504,549,465	219.750		18	90,225,015	863,750	
19	12,150,246,290	40,625		19	13,577,036,864	52,016	
20	9,731,757	54,930		20	17,162,519	28,603	

珠算検定1級練習問題（かけざん、わりざん、みとりざん）　第5回〜第8回の「答え」　　本書の145〜156ページ

No.	第5回 かけざん	わりざん	みとりざん	No.	第6回 かけざん	わりざん	みとりざん
1	45,807,287.715	60.581	59,580,273,656	1	47,557,760,124	14,763	71,772,888,678
2	27,188,637.610	12,604	54,309,210,303	2	31,272,696	3,708	61,400,605,937
3	30,550,653	75,491	34,010,623,449	3	36,728,772,672	86,517	30,388,223,592
4	41,309,153,763	12,349	54,203,698,896	4	204,888.12	10,875	57,214,347,803
5	643.307	6.451	32,586,662,701	5	0.085	75,698	26,557,782,306
6	0.25	810.37	64,581,469,189	6	26,707,906,440	84,750	49,576,239,837
7	24,665,112,198	3,207.54	-2,803,610,089	7	6.233	98,743	20,037,820,576
8	51,653,492	64.213	59,580,801,153	8	365,654,335	4,895.27	43,123,609,923
9	24,873,591	53,846	24,057,179,109	9	34,362,267,159	28,043	-523,322,477
10	63,376,288,262	20,978	61,391,601,297	10	12,522,380,090	78,604	55,961,141,699
11	23,191,396,335	65,394		11	70,283,233,902	94,605	
12	5,642,424,576	78,412		12	678,399.615	78,251	
13	47,696,633	2,640		13	55,338,425,792	92,843	
14	39,323,275,687	42,619		14	98,702,695	1,852	
15	2,649,071	62,875		15	13,019	97,061	
16	18,052	21,043		16	18,051,861,512	23,875	
17	34,266,637,772	89,250		17	310,403	52,487	
18	331,474,195	69,084		18	124,893,865	78,250	
19	637,035,895	810,375		19	57,373,220,204	97,635	
20	11,674,827,441	16,250		20	15,141,917,000	814,750	

No.	第7回 かけざん	わりざん	みとりざん	No.	第8回 かけざん	わりざん	みとりざん
1	13,984,546,744	62,073	61,362,299,181	1	15,638,113,955	30,521	57,296,133,877
2	288,679.915	5,064	63,816,221,036	2	250,970.85	45,069	51,995,079,151
3	63,846,772,272	93,502	30,403,180,758	3	36,945,466,920	23,710	27,001,166,935
4	20,521,165,563	19,746	36,393,456,308	4	303,757.875	71,328	47,664,339,224
5	1,417,015.65	61,092	23,204,555,803	5	0.121	1,863	26,426,737,248
6	766.865	71,826	67,832,489,167	6	10,997,790,466	83,597	62,275,050,066
7	44,532,642	683.79	-1,756,681,237	7	152.613	7,683.54	27,557,126,332
8	39,495,964,431	713,945	53,043,234,276	8	93,766,665	28,341	55,255,936,107
9	0.78	38,254	30,136,269,229	9	44,766,837,796	41,854	-3,245,815,201
10	15,888,872,439	64.213	61,539,214,880	10	22,785,073,225	58,302	50,826,831,508
11	29,694,887,280	58,061		11	6,002,723,412	18,405	
12	16,409,049	42,368		12	15,269,592,780	60,982	
13	48,028,084,020	1,064		13	376,727.085	5,968	
14	10,411,099,776	67,290		14	9,917,084,470	96,571	
15	10,869,065	96,125		15	539,954,255	87,625	
16	19,858,652	34,251		16	18,634,069,370	25,183	
17	219,157,445	78,951		17	30,063,978	86,375	
18	22,464,052,197	608.125		18	63,877,891,248	39,041	
19	50,120	19,750		19	759,454,445	486,125	
20	7,172,782,463	78,045		20	20,624	61,750	